爱
夜与明

张斌 著

山东文艺出版社

图书在版编目（CIP）数据

爱，夜与明 / 张斌著 . —济南：山东文艺出版社，
2022.2（2024.1重印）

ISBN 978-7-5329-6410-9

Ⅰ.①爱… Ⅱ.①张… Ⅲ.①长篇小说—中国—当
代 Ⅳ.①Q14-05

中国版本图书馆CIP数据核字（2021）第127710号

爱，夜与明
AI，YE YU MING

张　斌　著

主管单位	山东出版传媒股份有限公司	
出版发行	山东文艺出版社	
社　　址	山东省济南市英雄山路189号	
邮　　编	250002	
网　　址	www.sdwypress.com	

读者服务	0531-82098776（总编室）
	0531-82098775（市场营销部）
电子邮箱	sdwy@sdpress.com.cn

印　　刷	盛大（天津）印刷有限公司
开　　本	710毫米×1000毫米　1/16
印　　张	15.5
字　　数	190千
版　　次	2022年2月第1版
印　　次	2024年1月第2次印刷
书　　号	ISBN 978-7-5329-6410-9
定　　价	60.00元

目　录

第 一 章

　　夏日，艾雪走在大街上，热浪席卷而来的时候，云朵好像都被烧化了。

　　体形微胖的艾雪白瓷一样的额头上沁出细密的汗珠。天热，家离单位又远，艾雪中午一般不回家。今天，业余时间一起学习的同学要看艾雪的作业，艾雪送去后，发现同学单位离自己家不远。艾雪想：既然到自家门口了，何不回家一趟，稍事休息，再去上班？

　　艾雪匆匆往家的方向赶，周围的景色仿佛都被晒得没精打采似的。艾雪还沉浸在刚才与同学见面的兴奋里，心情是蔚蓝的，她哼着小曲，来到自家门前，敲门，未应。发现门被反锁，她用钥匙打开门，丈夫卞晓只穿了内裤，神色慌张。艾雪径直向卧室走去。卧室里放了一张床，两个橱子，床对面放了一个窄柜，一个女子躲在小柜侧面，正瑟瑟发抖。登时，艾雪感觉空气都凝滞了，她的心从朗朗白日沉入黑暗，只用了一瞬，仿佛所有的文字，都脱离了纸张，变成蚊群飘浮在空中……

第 二 章

爱，夜与明

　　艾雪和卞晓第一次见面，是在一个旧教学楼的办公室，是介绍人办公的地方，大约十几个平方，两张办公桌，两把木椅子，两个老式木橱，里面放了些书和材料。

　　彼时，艾雪二十二岁，白皙的皮肤，精致的五官，苗条的身材，干净的面庞，给人一种青春靓丽的感觉。一九八九年，艾雪曾参加过电视台播音员招考，初衷就是测试一下自己的普通话水平，那次招考的播音员是带编制的。在初试时，艾雪挺受招考老师青睐的，一路过关斩将，文化考试成绩也不错，只是在最后一关录像时，出了点小纰漏，艾雪自作主张把要读的文章做了点小调整，最终落选了。不过艾雪现在的工作单位每年都召开大会，播音的任务落在了艾雪头上。兴趣爱好可以当成工作来完成，一贯认真的艾雪更加上心了。先天的嗓音加上后天的历练，使艾雪的声音听起来格外甜美。艾雪第一次去当地最好的国营理发店理发时，理发师请她做发型模特。拍的一系列照片，有的被拿去参加全国比赛，有的在两家理发店挂了十年。曾经还有一位获过奖的导演，让艾雪去演古装片，但思想守旧的艾雪对成为一名演员，总觉得不踏实，她没有说什么，也没再和导演联系，继续过着平淡的生活。

给艾雪介绍对象的不少，可艾雪自己对自己不满意，想趁着年龄还不算大，先打造自己，等二十五岁左右再谈婚论嫁。有的人就找到了艾雪的父亲艾钢炮，艾雪的父亲一概没答应。但是艾钢炮把女儿的照片给了自己同事的女儿，同事的女儿要到美国读书，艾钢炮想请她看看留学生里有没有合适的。艾钢炮同事的女儿走了一个月，还没来信的时候，艾雪的母亲魏珊就托介绍人给艾雪介绍对象了，介绍的就是卞晓。艾雪虽然有晚点找对象的想法，但家里人给介绍的，乖乖女艾雪最终还是去见了。卞晓和介绍人读研究生时是上下铺。彼时卞晓二十七八岁，很瘦，面色微黄，戴一副眼镜。

艾雪和卞晓第一次相亲，介绍人介绍："这是卞晓。"又冲卞晓说，"这是艾雪。"卞晓看到艾雪，镜片后一双大眼睛睁得更大了，满是惊喜。后来成了艾雪的丈夫，卞晓还笑着说："第一次见你，你说话的神态、表情，久久不能忘怀，回到宿舍里还老是想。我们是一见钟情啊。"其实艾雪对卞晓并不是一见钟情，甚至觉得这个人不是自己喜欢的样子，有些陌生感，总之就是不顺眼，觉得别扭，只是修养让她保持着基本的礼貌。介绍人说："我还有事，先走了，你们聊聊。"分别坐在办公桌两旁的两个人开始聊。艾雪之前听介绍人说卞晓讨厌化妆的女生，不怎么化妆的艾雪开始大谈化妆，弄得卞晓以为艾雪的样子都是靠化妆化出来的。不过这丝毫没有降低卞晓对艾雪的兴趣。后来有一次约会，卞晓特地给艾雪打了一盆水，说是让艾雪洗尘，艾雪洗了脸后，没有太多变化，卞晓在一旁满意地点头。

第 三 章

爱，夜与明

　　艾雪家住的楼房建于八十年代，附近的楼房都和艾雪家一样，盖于八十年代，不高。

　　卞晓推着车子正垂头丧气地走着。他和艾雪约好在公交车站牌见面，卞晓早早收拾停当，迫不及待地来到约定地点，兴奋、紧张的情绪夹杂在一起。过来一个有点像艾雪的人，他就立即欣喜地凑过去，可惜不是。就这样一次次高兴又失望，失望又高兴，约定时间过去半个小时了，也没有艾雪的人影。听着来往车辆的肆意轰鸣，不甘心的卞晓孤零零地徘徊着。时间一点点过去，又过了将近半个小时，卞晓的目光逐渐下垂，他猛然冒出一个念头：何不到艾雪家附近候着？艾雪回来时，或许能碰上她。卞晓急匆匆地赶到艾雪家附近，等了一会儿，依然没有艾雪的影子。

　　难过的卞晓无精打采地推着车子，猛然看到一个穿白色连衣裙的女子飘飘而过。"艾雪！"卞晓定睛一看，正是艾雪在往家走。卞晓惊喜地说："不是说在站牌那儿见面吗？我在那儿等了好久。"艾雪抱歉地说："啊，不好意思，我记错地方了。"卞晓释然道："能见着面就好，一起走一走吧。"艾雪想：人家等了这么长时间也没有抱怨，等不到人，又找到家门口，连一丝埋怨都没有，似乎只要见到人就高兴得不行，自己不能太过分了。于是艾雪说："嗯。"

林荫道上，两辆自行车并行。突然，卞晓像发现了什么似的，问："你的车子怎么了，是不是刹车不大好使？"艾雪说："对对，是的。"卞晓眼睛突然亮了一下，说："我那儿有工具，我给你修。"两人朝卞晓的宿舍骑去。水流平静如常，路两旁的垂柳有时顽皮地轻拂一下两人的脸庞。

黄昏悄然而至。艾雪的肚子响了一下，声音大得卞晓也听到了。一个个小饭店在这一刻变得格外诱人，但艾雪知道卞晓刚工作一年多，体谅地不往小饭店看。路过一家熟食店，艾雪想：以卞晓的经济能力稍微买点应该可以。于是艾雪驻足，卞晓笑着说："走啊走啊，我宿舍里有炉子，有面条，到我宿舍给你下面条吃。"艾晓舍不得买熟食，艾雪心里稍有点不快，但这也不算是什么大事。迟疑间，卞晓又笑着说："走啊，走啊。"艾雪想：为点小事闹别扭，显得自己小气了，看他这么热情，要不就去看看？

就这样，两人来到卞晓的集体宿舍，吃了面后，卞晓细心地给艾雪修车子。车子修好后，艾雪一试，说："真不错。""不错吧？"卞晓得意地说，"你以后再也找不到像我一样对你这么好的人了。"不知怎么，这句话让艾雪心头一热。

第 四 章

爱，夜与明

　　艾雪想打造自己的念头，像埋进土壤的种子，融化了坚硬的土壤，一发不可收拾地蔓延开来。

　　在读夜大时，艾雪听说学院教诗歌创作的、研究中国山水诗的孔老师退休在家，他与教自己逻辑学的教授是好友，于是艾雪请逻辑学教授引荐自己跟孔老师学习。逻辑学教授一口答应了，亲自带着艾雪到了孔老师家。但孔老师稳稳地坐着，没有表态。怎么办，就此放手吗？可是自己多么渴望能得到名师指点啊。程门立雪的故事跳进艾雪的脑海，艾雪打定主意，过几天再去试一试，表明自己拜师的真心。

　　这一日，艾雪又来到逻辑学教授家，请求教授再带她去一趟孔老师家，教授有些为难地说："诗人和常人不一样，遇事看心情，心思让人琢磨不透，还是不去了吧。"艾雪感觉呼吸都不那么顺畅了，期期艾艾地请求道："麻烦教授再去一趟吧。"教授被磨得无奈，勉强站起身，带着艾雪向孔老师家走去。出乎意料地，这次孔老师痛快地答应了。艾雪的心像枯木逢春一样，她听到了梦深处的声音。

　　没有课的晚上，艾雪就骑着自行车到孔老师家，孔老师和师母悉心指点艾雪。艾雪经常把自己写的诗给孔老师看，请孔老师指正。这期间她还抄写孔老师诗集里的诗，写自己对每一首的理解。时间长了，孔老师看出艾雪是一个认真的人，笑着说："你和你的外表不大一样啊，挺踏实的。"艾雪也笑了，心想：难道我的外表给人不踏实的感觉吗？听同学讲，孔老师说我挺时尚的，其实我知道自己是个朴素的人。

以优异的成绩毕业后，艾雪又报了一个英语口语班。上课的地点在一所普通的小学——一些培训班租学校的教室教学。这所小学有一座教学楼，还有一个不大的院落。

上课第一天，艾雪意外地在校园里碰到了卞晓。艾雪说："我得去上英语培训课，你回吧。"卞晓说："我陪你一起去听课。"艾雪忙说："人家不让进。"卞晓边说试试边挤进了教室。

下课后，两人用英语对话。艾雪在中师上学时不学英语，虽然毕业后自学，加上在学习班学了大学英语，但研究生毕业的卞晓英语水平显然比艾雪高出许多。

艾雪一兴奋，和卞晓聊起了文学。艾雪背诵自己写的诗：收获的意象不过是一片忧伤／两年的日子／泡成一杯酽酽的浓茶／男人的眼睛／再也不是蜀水清清的了。古老村落如门／她试过一把把钥匙／总也打不开／那厚厚的土墙。风烧焦了／麦子不语。独眼男人／从麦地里运回／一大片忧伤。

卞晓说："我不懂诗，写的什么？"艾雪答："哦，是写一个被拐卖到我农村老家的四川女人的故事，第一次见她觉得她真漂亮，两年后见她，她已是一个朴素农妇的样子了，当时她正下地干活。"卞晓说："哦，是这样。我觉得吧，文学没有用，我考研究生的时候，有一个同学复习累了烦了，就写诗，写得还挺好呢，结果研究生都没考上。"艾雪说："是吗？"心里对卞晓有些失望。

第 五 章

爱，夜与明

艾雪回到家，爸爸艾钢炮递给她两张男士的照片。原来艾钢炮同事的女儿去美国后给一个留学生看了艾雪的照片，那个留学生相中了艾雪，托艾钢炮同事的女儿寄来两张照片，说想与艾雪谈朋友。艾雪看着留学生的照片，他个子高高的，很俊朗、洋气，像是北京上海等大地方的人，说是正在美国读博士三年级。艾雪对照片中的男士第一印象不错。但是艾钢炮只是给艾雪看了看照片，一点也没问艾雪看了后有什么想法，更别说观察艾雪看照片时的表情。

艾钢炮和艾雪的母亲魏珊商量去了，魏珊的话艾钢炮还是挺听得进去的。

不知道艾钢炮和魏珊怎么商量的，没有问艾雪的意见，艾钢炮就把留学生辞了。

艾雪和卞晓认识一个月时，艾钢炮找艾雪问话了。

这一天，艾钢炮问艾雪："你和卞晓谈得怎么样？"艾雪说："还行吧。"艾钢炮说："介绍人说卞晓对你印象很好。我和你母亲去她好朋友那儿了解了，据她说，这孩子不错，我们问她可不可以定下来，她说可以定下来。"艾雪说："他的条件符合我的期望，但是……我想先打造自己，不想这么早就……""等你年龄大了说不定就碰不上这样条件的了。"艾钢炮打断她说，"像你这样条件的谁稀罕要你，连个大专生都不稀罕要你，能有个人要你就不错了，何况人家还是研究生。改天你叫他到家坐坐。"艾钢炮的话像锤子一样一下一下地朝艾雪砸下来。

从小到大，母亲魏珊很冷淡，父亲艾钢炮从心里疼艾雪，只不过方式却是：当遇到事时，父亲艾钢炮总能挑出所有的话里最难听的一句，送给艾雪。艾雪上中学时代数很好，语文一般，每晚八点就上床休息，用来学习的时间很少。不知何故，魏珊总对人说女儿很刻苦，每晚学到很晚。大家一直以为，艾雪因为刻苦，才学成这样。到初三时，艾雪请求老师和母亲给她一次上高中考大学的机会，表示她若上高中一定努力学。最终，家里让艾雪去考中师，虽然一考就考上了，但没有上过大学，艾雪心里总有些自卑，艾钢炮这一席话砸得她晕头转向。

听到艾雪转达的艾钢炮的话，卞晓相当兴奋，他准备了一些礼物，虽然都很便宜，但样数不少。他拽了拽艾雪的衣服，问："你爸妈会问我什么？"艾雪说："你紧张吗？"卞晓眼睛发亮，说："不算紧张，不是还有你吗？"说着引着艾雪到了有一个小坑的路面，然后指着小坑劝艾雪道："进去吧，进去吧。"艾雪不知怎么回事迈腿走了进去，咯噔一下吓了一跳，卞晓开心地笑了。

到了艾雪家，卞晓对艾钢炮说："我们家是医生之家，我父母都是医生。我有一个姐姐，一个妹妹，姐姐在医务室工作，妹妹高中毕业，没考上学，当了工人，也是在医院。我一直在上学，研究生毕业后参加工作时间不长，年龄也不小了，我想早点和艾雪结婚。"艾钢炮说："可以啊。"卞晓兴奋地说："哎哟，我太幸福了。"艾钢炮与卞晓两人商定婚事，视艾雪为无物。艾雪有点情愿又有点不情愿。由于年轻，又是个乖乖女，艾雪只是木然地待在一边，心想：这才认识了一个月，我还没到晚婚年龄，单位肯定不会给开介绍信的。艾雪寄希望于因不够晚婚年龄而不能早结婚，艾雪未进门的准嫂嫂也对艾雪说："多了解了解。"艾雪的哥哥找到艾雪，艾雪肯定地说："没事，单位肯定不同意。"没想到戏剧性的一幕发生了。

第六章

爱，夜与明

　　艾雪的工作单位在一栋十八层的高楼中。办公室朝南，落地窗，阳光很足，有时照得人睁不开眼。

　　一天，艾雪正埋头分发文件，一个女同事神秘地说："你爸爸找领导说你要结婚了，恭喜你啊。"

　　"啊？"艾雪愕然，心想：虽然早晚要让单位知道，但爸爸怎么没提前给自己说一声，就传到单位了呢？虽然自己不甚满意，但父亲说了，人家知道自己和谁谈恋爱，自己再否认，单位的人会怎么看，会不会有风言风语呢？艾雪咬了咬嘴唇，没有说什么。

　　真不想这么早结婚啊，领导会怎么想？单位的人会怎么看？一路纠结着的艾雪回到家，还没等艾雪张口，艾钢炮得意地说："我跟你们领导说了，你们早过了法定年龄，卞晓28岁，你22岁，你俩年龄加起来也不小，男大当婚女大当嫁。你们领导说了，有名额一定照顾你们。"

　　看着愣在那儿的艾雪，艾钢炮继续说："你跟卞晓说，可以会亲家了。"

两天后，卞晓的父母从外地赶来了，看着艾雪，他们露出满意的笑容，好像艾雪已经是他们的家人似的，直接叫艾雪"雪雪"。艾雪的准嫂嫂和哥哥急得跟什么似的，艾雪的哥哥夸了一通艾雪的准嫂嫂，贬了一通艾雪，卞晓的父母含笑听着，丝毫不为所动。双方父母兴高采烈地定着日子。

送走了卞晓的父母后，艾雪的哥哥和准嫂嫂出门了，父亲艾钢炮和母亲魏珊在卧室说了一会儿话。艾钢炮到艾雪的房间说："你哥哥嫂嫂不让你结婚，其实是为了钱，他们为了钱，竟然这样做。"对父母绝对信任的艾雪，情绪也随之激愤起来："婚姻怎么能让钱决定？太恶俗了吧！"

当一家人在一起时，哥哥说起："卞晓有房吗？还想结婚。"艾雪心想：果真是为了钱啊。彼时，人人崇拜下海经商，有一些人被物欲遮住了眼睛。艾雪不是一个物质的女孩，她有点传统，对只有钱的人尤其看不起。她爱读书，看到黑格尔结婚没钱装饰新房，就和新娘一起上山采撷野花装点房间，她想，多么温馨和浪漫啊。艾雪一直认为婚姻幸福与否与婚礼的奢华程度无关。哥哥这句话，艾雪只觉得刺耳，其实她是与这句话争辩，更确切地说，她是和这个理念争辩，而忘了其他，她急急地说："你没房子，不也结婚吗？"此话一出，艾钢炮和魏珊满意地笑了。

第七章

艾钢炮以为艾雪和卞晓结婚的事肯定能批下来，结果没批下来，艾雪领导有些为难，单位也开始有人议论了。

有的同事觉得，艾雪不应该这么早结婚，其实艾雪能找到更好的。

有的同事觉得，艾雪家对艾雪不公平，因为艾钢炮说艾雪哥哥原来处了一个女朋友，做了结婚的家具，结果又分手了，现在找的女朋友要新家具，原来的旧家具没处放，艾雪若结婚正好可以用。艾雪的哥哥工作后工资自己拿着，艾雪的工资奖金全交给家里，也不经常跟大人要钱买衣服穿。艾雪家重男轻女。

有的同事觉得，艾雪不到晚婚年龄就抢着结婚，不响应政策要求，真是思想有问题。还是入党积极分子呢，对自己这么放松要求。

有的同事见了艾雪直接说："没想到你这么想结婚啊。"

艾雪百口莫辩。

周日，只有艾雪和母亲时，艾雪对母亲说："我不结婚了。"魏珊不屑地说："你有什么资格说这句话？还得罪你哥哥。"

艾雪在母亲面前压住了自己的震惊：自己的婚事自己竟没有资格

说话。

上世纪七十年代初，艾雪在本地出生。十个月大时，艾雪体质突然变差，艾雪的姥爷姥娘把艾雪接到了农村。在土里滚了又滚，在风里吹了又吹，艾雪竟又活蹦乱跳了，很爱说话，性格也大方开朗。长到六岁时，看到周围的小伙伴都去上学了，艾雪也闹着要去学校找小伙伴。姥爷以为艾雪想上学了，很高兴，连夜把艾雪送到了艾雪父母在的城市。刚到时，父亲艾钢炮单位离家很远，白天不常在家，母亲魏珊对艾雪不错，还给她买小点心。艾雪留下后，魏珊就变得冷淡了。家里还有一个在大城市长到八岁、刚回到当地的哥哥，母亲没有教育哥哥要爱护妹妹，而是给了他一项特权：可以打妹妹，看妹妹光脚丫就打她。可是艾雪是个乖巧听话的孩子，不光脚丫。哥哥只要气不顺就打艾雪出气。艾雪委屈：我不光脚丫，哥哥怎么还打我？艾雪找母亲诉苦，母亲却逼着艾雪认错。艾雪很委屈，可是倔强的她，宁愿被打死也不认这个错，结果招来一顿更狠的打骂。姥爷在艾雪走后没几年就去世了，艾雪自己回不了农村，又无人倾诉，只能自己坐在院里的石头上，止不住地流泪，盼望自己快快长大，但等待长大的日子太久了。

魏珊不喜欢艾雪活泼爱说话，说她是人来疯。艾雪从小学着做家务，自己照顾自己。上小学二年级时，一次艾雪正在洗头，魏珊过来摸了一下艾雪的头，惊呼："你怎么长虱子了？"艾雪觉得自己挺注意的，怎么会这样？艾雪在省会城市，城市里的人一般不会长虱子，对长虱子的人也有些看不起。艾雪觉得自己怎么这么差劲，竟长了虱子，心里的羞愧感翻江倒海。过了一段时间，很少带艾雪出去的魏珊，领着艾雪来到理发店，理发师看到长得像洋娃娃的艾雪，很是喜欢。正理着发，魏珊对理发师说："她招虱子了。"登时，理发师变了脸色，一脸嫌恶地扫走剪下来的头发，然后不耐烦地给艾雪理完发，像送瘟神一样把艾雪送走，艾雪羞得想找个地缝钻进去。艾雪的同桌是华侨的女儿，家境优越，和艾雪很要好，经常送艾雪上学用的小物品。有一天，魏珊特地把正上课的班主任叫出去，告诉她艾雪长虱子的事。老师和全班同学都用异样的眼光看着艾雪，那个华侨的女儿也不情愿和艾雪同桌了。小学五年，同学们没听艾雪说过几句话。艾雪真想做个隐形人，既可以不被注视又可以无处不在。

魏珊听卞晓说，艾雪未来的公公婆婆在亲家会面时对艾雪印象挺好。一听说年龄不够，不能结婚，未来婆婆都哭了。

艾钢炮难过地说："我已经答应人家了，真是骑虎难下了。"

于是魏珊和艾钢炮四处找人打听。在魏珊一个朋友的女婿的帮助下，艾雪和卞晓终于可以去办结婚证了。

第 八 章

爱，夜与明

那个时候，街道多是柏油路，街上自行车多，汽车还不是很多。冬天，树光秃秃地站着。艾雪感觉脑子、身子都不是自己的，仿佛被一只无形的手推着，被说不清的什么东西赶着，稀里糊涂和卞晓来到了民政局。毕竟是初涉婚姻，艾雪觉得婚姻茫然又神秘。像艾雪这样不够晚婚年龄的，最后能不能办证还是未知。好在查体很好，领证还算顺利，对这种顺利，艾雪竟感到有些欣欣然，接过证蹦了起来。两人从民政局出来在街上边走边聊。

艾雪说："趁现在年轻，我还想努力学习。"

卞晓说："对。"

艾雪说："我想考诗歌理论方面的研究生。孔老师给教诗歌理论的老师写了关于我的推荐信，我也去拜访过老师了，下一步就是复习功课了。"

卞晓脸色一变，说："你还是别考什么研究生了，还诗歌理论，我不同意。"

艾雪心里咯噔一下子，心沉了下来，心想：这是自己的理想啊，卞晓想也没想就给否定了。我对他都是支持的啊。卞晓刚工作，工资没自己高。卞晓做实验，就少拿奖金，但是做实验对他工作的长远发展有帮助，自己都是鼓励支持他做。怎么轮到自己就不行了呢？决定自己命运的想法这么不受人尊重，哪怕让自己试试也行啊。可是，丈夫不支持，自己硬要做，不就产生矛盾了吗？

艾雪一边走一边紧锁着眉头。

第 九 章

爱，夜与明

两人回到艾雪娘家，艾钢炮迎上来问："领证了吗？"

卞晓说："领了。"

艾钢炮说："太好了。"

霎时，艾雪的头嗡的一下。她曾对婚姻有过憧憬：无边无际的白云在高楼之外，微风轻拂，两人躺在一起，听着鸟语和叶语，沉醉在那种辽远的感觉中。她突然发现，这么神圣的事情稀里糊涂地就尘埃落定了，没有行云流水的过程，没有翻阅彼此的过去，甚至还带着刚见面时的陌生感和别扭，自己的婚姻自己好像是个局外人，自己要过的日子却是别人做主。那泪不受控制地流，带着声声寒冷的呜咽，艾雪急急地冲进卫生间，拧开水龙头，分不清是泪还是水，哗哗地流着。

粗心的艾钢炮并没有注意到艾雪的动静。他在客厅和卞晓兴高采烈地谈着，快过春节了，两人也登记了，卞晓想让艾雪回自己家过春节。

"怎么不可以啊，行啊。"艾钢炮用有力的手势加肯定的语气定了这事，卞晓兴奋得两眼放光。

快过春节时，艾雪和卞晓一起坐长途汽车回卞晓家。下了车，正遇到卞晓的一位中学同学，彼时正在北京读博士，他看到艾雪一愣，向卞晓投去羡慕的眼神。聊着聊着，那位同学对卞晓说："听说你妹妹也要结婚了，你妹妹那样，能结婚吗？"卞晓急忙给他使眼色，不让他说下去。

艾雪很奇怪：怎么妹妹不能结婚呢？她高中毕业就当了工人，是因为没考上学，没考上是因为没时间复习，还是感情上遇到了什么状况？

一头雾水的艾雪随着卞晓回了家，艾雪婆婆家也住在盖于八十年代的板式楼房里，三室一厅。在这里，艾雪见到了卞晓的妹妹，大大的脸庞，大大的眼睛，白眼球占据了大部分眼眶，五官有点不合比例，嘴巴还可以看出小时做唇腭裂手术的痕迹。怎么看着和常人不一样呢？后来艾雪才知道：卞晓的妹妹是唐氏综合征，严重弱智，小学上了几年，都没毕业，哪里上过高中。不知道谁教的妹妹，妹妹见了艾雪含混不清地叫了声"嫂子"，是笑眯眯地叫的。艾雪心里一热，善良的她并没有开口问出心中的疑惑，而是想：无论怎样，自己都应对妹妹多关爱。婆婆奚连美在一旁紧张地看着艾雪的表情，看到艾雪耐心、温和地对妹妹说话，一点也没有嫌弃，终于舒了一口气。

据公公婆婆说，因为艾雪不到晚婚年龄，艾雪的母亲要求严格对单位保密，卞晓家在外地，就在外地简单举行婚礼就行。

婆婆奚连美不无忧虑地说："就是艾雪这孩子不小心怀孕了怎么办？"

卞晓满不在乎地说："我们避孕就是了。"

但是事情总是让人意想不到。

第十章

爱，夜与明

艾雪从卞晓家回来，魏珊就让他们住在一起了。每对夫妻在蜜月期可能都觉得空气像一条小溪，仰起头深深呼吸，仿佛在品尝天国的泉水。可是这离艾雪却那么远，艾雪思想上还像单身一样，完全没进入状态，只是完成了身份的转变。这种转变的过程，没有给艾雪带来快感，每次都像是在上刑。没人时，艾雪鼓起很大勇气，才偷偷告诉了母亲。魏珊好像意料之中的样子，淡然说："你不用管，关键在男方。"艾雪的日子就这样够不着天够不着地地肆意流淌着。

单位议论的声音还在。一天，其他单位的一位女同志跟艾雪一起骑车上班，对艾雪说："没什么可大惊小怪的，你们这是事实婚姻。"这是相对友善的对待。

可是，艾雪心里有一个声音说："不是你们想的那样。"可想起母亲严肃的面庞和不容质疑的要求，艾雪解释的话在嘴边转了好几圈，又咽了下去。

卞晓不知道从哪儿得来的信息，说安全期不用避孕也不会怀孕，非得要试试。拗不过他，艾雪和他试了一次。

艾雪的哥哥和嫂嫂正式举行婚礼后，魏珊提前几天让卞晓和艾雪搬去一栋旧楼上，水龙头在屋外，厕所在院子里，冬天没有暖气。这个地方离卞晓单位近，卞晓回家稍早了一点。艾雪一到下班的点就往家赶，但是一进门，卞晓的脸拉得老长，没好气地说："怎么这么晚回来？你看我回来得多早。"卞晓经常为此发脾气。发现艾雪近来吃不下饭，睡眠多，有时还呕吐，卞晓真是气不打一处来。有一次，卞晓要钉东西，叫艾雪去拿工具，艾雪刚要递给卞晓，突然想吐，急急地跑到厕所，卞晓怒道："还不快点滚过来帮忙！"

在单位，艾雪也呕吐过几次。初婚的艾雪，生活经验还很欠缺，不明就里。但是艾雪单位的有些女同志是过来人，一看就知道怎么回事。一时间，议论声一边倒地压过来：事实婚姻就罢了，她还这么不注意影响，竟然怀孕了，真是太不像话了。

艾雪这才想到自己可能怀孕了。于是赶紧给卞晓打电话，第二天请假去医院检查，结果出来，果真是怀孕了。

魏珊重申了保密的重要性，让卞晓带艾雪做流产。"做流产时，不要让别的大夫看出你是她丈夫啊。"魏珊嘱咐卞晓。

做流产时，艾雪躺在病床上，中年女大夫的表情很严肃，好像在说又是未婚先孕，现在的女孩子怎么这么不检点。流产手术让艾雪感觉到了痛，痛得艾雪忍不住叫了一声。听到叫声，卞晓不由自主地冒出头来张望。看到有对象，女大夫才和颜悦色起来，扶着艾雪道："深呼吸，对，再深呼吸。"艾雪感觉痛感轻了不少。

术后，卞晓把艾雪送到了艾雪的娘家，艾雪的嫂嫂有点同情地看了看艾雪。魏珊叮嘱卞晓："快去给艾雪开个拉肚子的单子，一定不能让单位知道。"魏珊的理由是：如果不保密，艾钢炮和艾雪就是犯错误，这其中的利害，年轻人不晓得。

放下艾雪，卞晓去医院开单子。第二天，艾雪家来了不少女同事探望艾雪，魏珊拿出证明给她们看，说艾雪稍微休息一下就能去上班。她们不怎么相信，又不好说什么。术后第三天，艾雪就去上班了，还和以往一样拿着两个拖把拖地，一个中年女领导心疼地说："孩子，你可别作出病来。"舆论像千军万马涌来，处于风口浪尖的正是艾雪，这种被碾压的痛远远超过了流产后没有休养带来的不适。

拖着沉重的身子回到家，艾雪什么也不想干，只想哭。自己怎么把生活过成了笑话？泪水像决了堤的水一样不停地流淌下来。本应美好的青春，刹时变成了一面倒塌的墙。本来是传统的女子，却被人当成了作风不正派的人，是谁只顾享受却让自己承担这一切，却还和没事人似的？这场婚姻让自己品尝的是什么？不！我不要这样的婚姻。想一阵哭一阵的艾雪看到回来的卞晓，说："我要和你离婚。"卞晓吃了一惊，他显然没有意识到问题出在哪儿，只是不想离婚。卞晓头一次语气变得温和起来，好言恳求着艾雪。

如果真离了婚，自己怀过孕，谁稀罕要自己呢？这么一想，艾雪又默不作声了。

艾雪和卞晓这一次回娘家，艾雪的哥哥嫂嫂在家，再加上艾钢炮和魏珊，家里着实拥挤，也不方便。住了没几天，哥哥对艾雪说："你嫂子问你什么时候走。"要强的艾雪硬撑起身体，说："我们马上就回自己的家。"

说毕，艾雪马上收拾东西和卞晓回到了小楼。

第十一章

爱，夜与明

艾雪超过晚婚年龄一年多的时候，魏珊说结婚的事可以公开了。于是，艾雪给单位同事送了喜糖。在艾雪的娘家，艾雪的堂嫂和嫂子掌勺，请亲戚朋友坐了坐，接受他们冒着热气的祝福。

过了不久，卞晓分了联房——三家住一个三室一厅，共用厨房和卫生间，一家拥有一室的居住权。艾雪欢欢喜喜地把家搬到了联房。巧的是，三家里，有一家常住岳母家，没往这儿搬。另有一家三口和艾雪两人共住，做饭时，她们互相谦让着："你先，你先。"两家相处得非常融洽，既相互尊重，又像一家人一样和睦。从见不得人只能躲到暗处到能重见天日，像从一个世界走到另一个世界，艾雪觉得日子都被日光晒暖了，终于可以大口地呼吸空气了。

艾雪和卞晓的介绍人生了小孩，艾雪看到那刚出生的小人儿还能打喷嚏，觉得可爱极了，艾雪对卞晓说："我们也生一个怎么样？"卞晓高兴地说："好。"介绍人考上了美国的学校，带奖学金，卞晓也有点心动，也想学英语参加考试，介绍人鼓励他说："加油，卞晓。"艾雪可能是易孕体质，一次不避孕，接着就怀上了。

艾雪和卞晓之前住的旧楼的邻居，是艾雪小时候的邻居。伯伯曾在秘书处工作过，阿姨随伯伯来到当地，在一家国企当会计，伯伯在艾雪上小学五年级时曾给她讲过政治课，那叫一个精彩。后来又听过很多政治课的艾雪，依然觉得伯伯讲的课最精彩。伯伯和阿姨给艾雪苦寒的童年里注入一丝温暖，在艾雪的记忆里，他们总是慈祥的样子。艾雪怀孕时，伯伯已然去世多年，艾雪去看望阿姨，阿姨笑着提醒艾雪："怀孕时母亲爱干什么，孩子将来一般爱干什么，多读书吧，艾雪，这样对孩子将来好。"于是，早晨四点多艾雪就起来学习，只是卞晓晚上学到十二点多，这惹得他很烦："我晚上学习，你白天学习，影响我，捣什么乱呢，艾雪。"艾雪也挺委屈，自己这样做不是有特殊意义吗？况且，虽然怀孕了，自己每天都坚持给卞晓做饭，即使反应很厉害，看见荤的东西就吐得稀里哗啦，也强忍着难受给卞晓做饭，他怎么就不体谅自己？

　　艾雪无数次想象过孩子将来的样子：一个小人儿手插在裤兜里，有板有眼地说着话……可是，卞晓妹妹的情况，如果是遗传怎么办？艾雪在心里祈祷：一定要生个聪明健康的孩子。艾雪把自己的担心告诉卞晓，卞晓说："无论生什么，你只能认了。"艾雪变得小心翼翼起来，听说电脑有辐射，艾雪请求单位领导买了一件防辐射的衣服，每到工作时就穿上。其实起不了什么作用，只是心理安慰，单位同事不知道卞晓妹妹的情况，看到艾雪这个样子，心想：谁没有生过孩子，她怎么这么多事。

　　转眼快到春节了，艾雪的预产期也快到了。艾雪的婆婆想儿子了，艾雪的情况又不能随行，公公让艾雪先回娘家待几天。卞晓回老家后，魏珊对艾雪说："女儿不能在娘家过年，在娘家过年的话，会把娘家吃穷，这是你嫂子说的。"自怀孕以来，父亲工作忙，退休在家的母亲好像也忙，受忽略的艾雪一点没觉得有什么不好。

除夕夜，联房里的另一家回婆家过年了，空荡荡的房子里只有艾雪。不一会儿，艾雪的堂嫂风尘仆仆地来了，惊叫道："艾雪，你怎么到这个时候还自己剁肉，也不能不在意自己到这个样子。"艾雪不以为然地笑笑："没事的，姪姪姐姐。"艾雪的堂嫂，艾雪小时候就认识她，一直叫她姐姐。艾雪的堂嫂过门后，对艾雪的关心，像温暖的光洒在艾雪的心田，艾雪没改口，一直叫她姪姪姐姐。"放心吧，姪姪姐姐。"艾雪笑着送走了她。大约晚上十一二点，母亲来了，原来，除夕夜，母亲和嫂嫂吵了起来，吵得很厉害。魏珊找艾雪诉苦来了，说了大半夜嫂子的不是。到了初一早上，卞晓回来了，母亲就回自己家了。

第十二章

爱，夜与明

　　艾雪预产期到了，还没有动静，又过了两三个星期，艾雪才觉出不对，卞晓马上送艾雪去了医院。医院妇产科正在装修，叮叮当当的，一想到就要和出生的孩子见面了，艾雪心里有些激动，想：我要笑着迎接孩子的到来。于是艾雪静静地坐着，周围是此起彼伏的装修声和叫声，艾雪其实也痛，但从小忍功了得的艾雪只是专心地想象着孩子的样子。护士推来了氧气瓶，大家都以为是给叫得声音大的人用的，却原来是艾雪需要吸氧。吸完氧，又过了几个小时，艾雪要生了。后来卞晓说，当时艾雪的情况能顺产的，只是他和魏珊商量，害怕艾雪生的时候劲太大，对孩子有损伤，就选择了剖宫产。

　　孩子出生了，红红的小脸，很健康，是个男孩，卞晓高兴得要命。艾雪的公公婆婆从外地赶来了，不善言辞的公公用肯定的语气说："艾雪，有功。"婆婆也说："我们就卞晓一个儿子，艾雪还给生了个男孩，艾雪真会生。"那温暖人心的话语，让艾雪感觉像躺在棉花糖里一样幸福……

　　艾雪的婆婆被公公宠着，在家一般是不大做家务的。魏珊希望艾雪的公公回老家，婆婆伺候月子。于是艾雪的婆婆留了下来。

婆婆给艾雪做了一次加红糖的小米粥，对艾雪说："你就得吃点好的。"婆婆的观念还停留在过去，以为小米粥加红糖就是好吃的。艾雪农村老家的亲戚听说艾雪生孩子，特地赶来祝贺，送了两大箱子鸡蛋。其中有从小在农村看着艾雪长大、像艾雪长辈一样的表哥，他感叹道："我就这么一个妹妹……"他特地多留了些鸡蛋。婆婆奚连美煮了一些鸡蛋，裂缝了，没送出去。过了两天，她煮了些好一点的鸡蛋给卞晓吃，拿出凉的、裂缝的鸡蛋给艾雪吃，被卞晓发现了。卞晓对奚连美说："艾雪吃了以后，奶水就不好，孩子吃了以后就会闹病……"奚连美这才明白过来。过了两三天，奚连美吃不消了，对卞晓说："你得请假啊，照顾月子。"后来卞晓便请假照顾艾雪。艾钢炮和魏珊一起来看，送了些猪蹄大虾，卞晓都给艾雪做着吃了。奚连美许是过去生孩子没这么好的条件，还有点羡慕嫉妒，不过艾雪没往心里去，还请婆婆一起吃。艾雪刚出院还在床上躺着休养，婆婆不给她盛饭，艾雪便下地自己盛，对从小像小草一样长大的艾雪，这不算什么，丝毫不影响她的好心情。一天晚上，由于奶水不够充足，孩子吃奶吃了三个小时，艾雪就抱着孩子坐了三个小时，一动不动，腰累得快散了架。白天，一夜好眠、正晒太阳的奚连美忽然想看看孩子，折腾了一晚上睡得正香的小婴儿又被奶奶弄醒了。艾雪赶紧去哄孩子。哄好孩子，艾雪累得精疲力竭，但艾雪没有一点抱怨婆婆的意思。

有空时，艾雪就和婆婆有说有笑地聊聊家常。一天，艾雪的嫂子来看艾雪，和艾钢炮、魏珊打了个照面，魏珊主动上前打了个招呼，但艾雪的嫂嫂把头扭过去，没有搭腔。原来，嫂嫂和魏珊的那点小事，演化成了大事，又大吵了一架。嫂嫂推着车子要走，哥哥去拉，嫂嫂说："你跟我过，就不要跟你妈过，跟你妈过，就不要跟我过。"哥哥听了这话，略一迟疑，就随嫂嫂一起回嫂嫂的娘家了。艾雪本来没有舅舅的，母亲魏珊认了一个部队转业的同村魏姓人做弟弟，艾雪他们便也当舅舅走动着。舅舅也来看艾雪了，劝艾雪道："你母亲和嫂嫂闹矛盾，不知你母亲又做了什么，等你出了月子，去找你嫂子，说几句你母亲的不是，和你嫂嫂聊聊。"艾雪不在闹矛盾的现场，确实没和嫂嫂交流过，只是单方面听母亲说嫂嫂的不是，而且母亲总对艾雪说嫂嫂对艾雪不友好，因此单纯的艾雪没有去找过嫂嫂。

奚连美喜欢音乐，那时，好的唱片不好买，听到艾雪的唱片，她很沉醉。艾雪也挺喜欢这些唱片，但她还是坚决把这些好不容易买来的唱片送给了婆婆，还有一些别人送的营养品，艾雪舍不得吃，一并送给了就要回老家的婆婆。奚连美高兴得要命，欢天喜地地走了。

这时候，卞晓参加公派留学的全国外语水平考试的成绩出来了，差一分过线。

第十三章

　　美国去不了，但卞晓有希望去欧洲国家。艾雪的表姐和表姐夫在北京，于是艾钢炮每天晚上都给艾雪的表姐打电话，让她托朋友熟人帮卞晓把去欧洲的名额拿下。卞晓去欧洲的名额在表姐的帮助下终于拿下来了，在德国和法国中选一个国家。卞晓和艾雪商量着去法国，国内提供两年的奖学金。而且像卞晓这种公派留学的，在国外待两年后，妻子可以去法国陪读。

　　卞晓出国前，需要到北京语言学院培训一年法语，然后考试，通过后才能出国。艾雪鼓励了他一番，卞晓让艾雪先在家照顾孩子，等出国三个月后就把艾雪接到法国去。

　　日子被擦拭得更有光泽了一些，似乎连落叶上都有了一层光。

　　艾雪休完产假，公公婆婆帮忙找了一个保姆看小孩，他们出保姆费。卞晓不在家，哥哥嫂嫂也分了房子搬出去了，艾雪便带着保姆住进了娘家。艾雪几乎把自己的全部工资都交给了母亲，在娘家住的时候，艾雪不添一件衣服，几乎没有一点自己花钱的项目。日子虽然过得紧些，艾雪倒没觉得有什么大碍。

艾雪上班后，单位又新来了一个中年女领导，不知怎么，总像和艾雪过不去似的，处处贬损艾雪，就连大家公认的艾雪的优点："能干"，也被她说成了缺点："瞎忙"。

那个女领导想发展一个小伙子当入党积极分子。艾雪看到，别人一给小伙子介绍对象，女领导就很生气。当时女领导的小女儿正待字闺中，小伙子曾说女领导给他介绍过对象。介绍的会不会是她的小女儿呢？艾雪猜。

一贯认真的艾雪，把别人的挑剔当作提升自己的标准，工作更加精益求精。诸如大会播音，需要读许多文件还有很长的名单，艾雪要求自己现场直播一个字都不错，艾雪做到了，其他工作艾雪也像播音一样严格要求自己。但是艾雪发现，自己越这样干，越招来女领导的不待见。

一次小伙子故意找茬，冲艾雪大发脾气。艾雪正纳闷，从来没冲自己发过脾气的人，怎么火气这么大？办公室只剩下副主任和艾雪时，副主任说："你不在时，女领导跟他说了些什么。"登时，一团火在艾雪的心中滚来滚去。

送文件时，艾雪告诉了隔壁部门的主任，他气愤地说："真是狗仗人势。一定要让单位领导知道，他治她最管用。"不知怎么，他又对艾雪说："你像你母亲那样就行了。"说这句话时他眼里蒙了一层水雾。

隔壁主任打头，几个部门主任都上单位领导那儿反映了中年女领导的一些情况。

又到了每年一次的大会时间，艾雪认真地给领导们下通知。"这次会议，请您一定参加。"艾雪对一位年轻的领导恭敬地说。旁边的区域领导跟艾雪开玩笑："你可以直接说，侯三元，务必参加。"艾雪说："因为是领导，所以我应该……"

艾雪的父亲是年轻的侯领导管理下的一个单位的负责人。艾雪第一次见侯领导，是刚刚从教师岗位调过来的时候。第一次大会播音时，一众领导都坐好了，侯领导最后一个到的，他看见艾雪时一愣，艾雪看见他也一愣，心想：怎么还有这么年轻帅气的领导？艾雪没多想。过了一段时间，艾雪办公室的负责人说："艾雪你还真有福气。"意思是要给艾雪介绍对象，对方好像是个领导。艾雪不知道是谁，她一心想先打造自己，说："我不想这么早结婚，等我25岁再考虑结婚的事。"对方尊重艾雪，没来打扰。没想到命运捉弄，被父母催婚的艾雪早早嫁给了卞晓。那次介绍的对象到底是谁，艾雪一直不知道。直到人生走过了将近一半旅程，艾雪回想时，才猜出可能是谁。

　　看着毕恭毕敬站在那儿的艾雪，为了活跃气氛，侯领导和颜悦色地说："你不像你爸爸，是不是像你妈妈？你还有一个哥哥是吧，在家里你妈妈对你比对哥哥上心。"区域领导说："我看你比你爸爸强。"年轻的艾雪诚惶诚恐，疑惑地看着他，区域领导接着说："你能干啊。"

　　快到开大会的时间了，坐在幕侧播音席的艾雪正在整理材料，有人在旁边大声地说："不要上交矛盾啊。"

　　艾雪回家说了一些单位发生的矛盾。艾钢炮和魏珊特地去艾雪隔壁部门的主任家了解情况，耿直的艾钢炮找到了艾雪单位的领导，领导在会上批评了女领导，把她调出了办公室。

　　不甘心的中年女领导四处向人哭诉。此时，一场更大的风波正在等着艾雪。

第十四章

爱，夜与明

艾雪给区域领导们下会议通知时，来到侯领导的办公室，侯领导跟别人介绍："这是艾钢炮的女儿。"侯领导拿着橘子让艾雪吃。艾雪说："不吃了。"不知怎么，侯领导笑了。

中年女领导联合办公室主任和一些其他人去找领导，他们认为单位领导偏听偏信，想让他自己纠正自己。

一时批斗会式的言论向艾雪扑来。有人对艾雪说，你单位领导成光杆司令了。有人建议，再找其他领导反映情况，争取支持。

艾雪心想，单位领导因为给自己主持公道变成这样，自己这时候再避嫌，太不厚道了。艾钢炮说，你领导会应对，你不要管。但艾雪更加坚定地支持着单位领导。

艾雪给领导送材料时，他对她鼓励地笑笑，什么也没说。艾雪面对众人你一言我一语的攻击，虽然心里难受，但一声也没吭。

过几天要开大会了，有人精心准备稿子，借古讽今针对艾雪。中年女领导以为占了舆论的上风，没想到，单位领导邀请另一个单位的人员列席会议，另一个单位的领导对艾雪的领导表示了支持。另一个正常汇报工作、没有借机讥讽的发言人员受到表扬，单位领导也对自己的行为作了正面的解释。本来办公室主任是上次向单位领导汇报中年女领导情况的人员，现在又成了引导舆论让单位领导收回说出的话的积极分子。单位领导很恼火，在会上说："对变来变去，墙头草似的人要予以处理。"

艾雪怎么也想不明白，这背后到底是怎么回事。白天的舆论加上晚上的思来想去，艾雪连着两天没睡好觉。开完大会，艾雪刚松了一口气想歇歇，没想到单位来电话，让她清退保密文件。

艾雪管理保密文件时，办公室主任反复强调，掉一个文件就是犯错误。艾雪牢记在心里，恨不得一天把文件数好几遍。

接到电话，艾雪赶紧来到单位，没想到放在保险柜的文件全部不翼而飞了。艾雪登时吓出了一身冷汗。联想到单位的明争暗斗，艾雪判断是有人做了手脚。于是艾雪冲出门去，在回家的路上给办公室打电话，说要报警。单位领导好心派人去寻找艾雪。晚上，艾雪又回到办公室，打开保险柜，看到了摆放整齐的全部文件。霎时，悬着的心放了下来，艾雪轻轻吐出一口气，放松了下来。

然而，艾钢炮却莫名紧张起来。

听说艾雪跑了出去，单位正在派人找，艾钢炮咨询了一个合作对象——一家综合医院的院长，院长说艾雪可能有点心理障碍，可以吃点药。艾钢炮和魏珊也没带艾雪去医院看，就让艾雪给孩子断奶准备吃药。孩子断奶后，艾钢炮和魏珊不知道从哪儿弄来了药，让艾雪每天吃两粒。

从父母的表情里，艾雪觉得自己好像得了什么病。刚刚有点自信起来的艾雪，觉得自己好像连普通人都不如了，又陷入了更大的自卑黑洞里。

转眼，儿子下冬一岁半多了，艾雪的哥哥嫂嫂要生孩子，为了照顾自己的孙子孙女，魏珊要求艾雪赶紧把卞冬送走。于是卞晓通过法语考试后，临去法国前把儿子卞冬送回了老家。

艾雪吃药的事，艾钢炮和魏珊要求艾雪瞒着卞晓。

卞晓说，如果单位允许，让艾雪到北京自己联系一家外国语学院学学法语。

艾雪找到了单位领导，彼时，当地政策鼓励三学：学英语、学电脑、学开车，能有条件的最好能出国。知道艾雪有机会出国陪读，单位领导真心为艾雪高兴，一口答应艾雪到北京学习的事。

第十五章

艾雪是带薪在北京的一所外国语学院学习的。

有个叫皮埃尔的，是法国一家公司的经理，他所在的公司为了在中国做生意，派他到语言学校学习，这期间他和正在语言学校学习的卞晓认识了。卞晓在法国巴黎学习，皮埃尔回巴黎探亲，再回来时，卞晓便托他给艾雪捎香水。皮埃尔和他的一个中国好朋友一起见的艾雪。或许是因为他的中国好朋友告诉他艾雪在中国人里称得上漂亮，皮埃尔用汉语开玩笑说："卞晓在法国很开放。"他的朋友赶紧纠正他说："看把人家艾雪吓的，开放这个词不能随便用。"吃完饭，皮埃尔打开包，把香水递给艾雪，道："卞晓让我捎给你的。"艾雪还没有起身，皮埃尔已早早地拉开饭店门等艾雪出去了。

过了几天，皮埃尔打电话给艾雪，说有个法国人的聚会，邀请艾雪一起参加。艾雪想：自己要去法国，正好可以先趁机了解一下法国的风土人情。

参加聚会的除了艾雪其余全是法国人，他们用法语高谈阔论。艾雪刚到北京，法语基本上没怎么学，只能尴尬地坐在一边。

饭后，他们每个人都掏了钱，艾雪明白这是 AA 制。艾雪刚要拿钱，被皮埃尔和另一个英俊的法国小伙儿抢先了一步，皮埃尔声明艾雪是他邀请来的，最后艾雪的那份钱由皮埃尔付了。

皮埃尔住的地方，离外国语学院不远。皮埃尔又搞了几次只有四五个人参加的小聚会。一次聚会时，皮埃尔唱起了法国民歌《雅克兄弟》，艾雪唱起了《两只老虎》，一个意大利人唱起了一首意大利民歌，巧的是这三首歌曲的曲调一模一样。唱完后，大家都笑了。皮埃尔发现艾雪的嗓音很好听，建议艾雪再唱几首，艾雪大方地又唱了几首歌曲。甜美的嗓音、婉转的曲调，加上有些韵味的颤音，连路人都被吸引驻足……

送艾雪回去的路上，皮埃尔兴奋地说："你是歌唱家吗？"艾雪不好意思地说："哪里，哪里。"一路上抑制不住兴奋的皮埃尔突然说："我要给你办理去法国留学的手续。"艾雪笑着拒绝了："我是去探亲"。

艾雪想了个办法学法语，在外国语学院找一个法国人教他汉语，让法国人教自己法语。就这样艾雪认识了尼斯，一个很帅气的法国小伙儿。听艾雪说起皮埃尔，知道他是同在中国的法国人，尼斯让艾雪再有聚会时带自己一起去。

于是艾雪带尼斯与皮埃尔见面了，出乎艾雪意料的是，原本好几个人的聚会，这次只有他们三人。皮埃尔说也想向艾雪学汉语，拿出一个本子，上面有许多词。突然有一个词映入艾雪的眼帘：吃豆腐。这种氛围下，这个词忽然让艾雪觉得不自在，艾雪有点恼怒地说："这个词不好，不要学了。"尼斯在旁边笑了，带着点幸灾乐祸的意味。

三人走到了饭店，皮埃尔让艾雪点菜，没怎么点过菜的艾雪试着点了。吃了几口，皮埃尔皱着眉头说："不好吃。"尼斯没说什么，装作菜很对口味的样子。饭后，皮埃尔去买单，尼斯在一边闲逛，皮埃尔冲着艾雪得意地笑了。

过了几日，又到了艾雪和尼斯互学语言的时候了，尼斯拿出一首诗：生命诚可贵，爱情价更高，若为自由故，两者皆可抛。艾雪认真地念了一遍。尼斯看着艾雪笑着说："我有生命，可是没有爱情。给你生命，给我爱情。可以吗？"他接着说："我第一个女朋友是华裔，后来分手了，我还没有结婚。"艾雪笑着说："可我结婚了。"

　　转眼间，三个月过去了，艾雪通过了结业考试，又回到了居住的城市。

第十六章

爱，夜与明

刚回到当地没几天，艾钢炮说："艾雪，你不是想学好法语吗？增强记忆力吧，我和你妈妈给你买了一种药，对学习可有帮助了。"

这种药第一天吃一粒，第二天吃两粒，第三天吃三粒，每天加一粒，到第十六天已加到十六粒，后来艾雪才知道这种药叫奋乃静。吃到十五粒药时，热爱生活、从来没想到过死亡的艾雪，突然闻到了死亡的气息，她感觉自己的心脏像承受不住自己的身体似的，只想往地上躺。从小到大从没照顾过艾雪的母亲，给她端了饭，那样子艾雪怎么看怎么像给死刑犯的最后一餐。吃到第十六粒药的时候，一向粗心的艾钢炮也察觉到了不对，第十七天开始他没有再给艾雪吃药。艾雪身体才慢慢恢复如常。

转眼卞晓到法国已经一年了，艾雪一边催卞晓出证明，一边自己跑出国手续，还好办护照、办签证比较顺利。

就要出国了，艾雪置办衣物时，忽然觉得自己比原来稍微胖了一点。那时在当地流行一种减肥药，每天轰炸式地做着广告。艾雪用家里的座机给卖减肥药的打了电话。从不关心艾雪生活的魏珊，破天荒地跟艾雪说她刚买的内衣很舒服，劝艾雪也买这种，艾雪就去买了。吃了几天减肥药，不仅不管用还反弹，艾雪又用家里的座机给卖减肥药的打电话，卖减肥药的说："你来一趟，我们可以给你评估是哪方面的问题，再免费送你针对你的减肥药。"艾雪没多想，照着地址去了，没想到这一脚就迈进了深渊。

那个地方是一个小旅馆的二层，屋里堆着一些还没卖出去的减肥药。看见艾雪，卖减肥药的竟露出满意的微笑，说："其实你不胖。"艾雪纳闷：卖减肥药的说顾客不胖，怎么做生意？听说艾雪就要出国了，他说："你到法国，我可以给你钱，你帮我跑一些证明。"单纯的艾雪正盘算这件事，卖减肥药的竟突然对艾雪动起手来，艾雪拼命反抗。以前，艾雪遇到骚扰，拼命反抗，对方一般就会收手。没想到的是，这次，对方得手了……

卖减肥药的说："你到了法国，就会感谢我了。"艾雪恨恨地说："我会回来报复的。"

一切都是昏暗的，艾雪欲哭无泪，不知道怎么走回家的。要报警吗？管用吗？后果，后果是什么？过几天就要到法国了，丈夫卞晓会怎么想？艾雪的心骤然一紧，麻木地立在风中。带着对卖减肥药的人的恨，战战兢兢地，艾雪来到了法国巴黎。

第十七章

爱，夜与明

　　卞晓接着艾雪来到学生公寓。这是一个一室的房子，有洗浴设施。公寓左边靠门处放着一张不大的床，旁边放了一张写字桌。窗户南边放着一张长桌，上面放着电磁炉。

　　进公寓后，卞晓递给艾雪一把钥匙，说："这是我为你配的屋门钥匙，你拿着。"艾雪拿着钥匙看了看，说："这么精致，配一把多少钱？"卞晓说："一百多法郎吧。"艾雪说："天啊，将近二百元人民币，这么贵，在咱们家那儿配把钥匙用不了几块钱。"卞晓说："法国人工贵一些，有留学生算了一下，巴黎平均物价是国内的五倍，不过肉之类的相对便宜。这儿有炉子，你来了就好了，我们可以自己做饭。"

　　两人在屋内做好饭，边吃边聊。

　　艾雪说："我的遗憾是没有上过多少学，我想上学。"

　　卞晓说："这恐怕不好办，来、来，吃饭。"

　　艾雪说："我可以打工交学费。"

　　卞晓说："法国失业率12%，工作不好找，这儿有《欧洲时报》，你看看上面的广告，可以去试试。"

卞晓笑着说："刚来第一天就要去打工，时差倒过来了吗？老婆真厉害。"

艾雪翻看报纸广告，画出一个圈，说："老公，明天我就去试这家。"

卞晓说："后天吧，后天我没事，陪你一起去应聘。"

艾雪观察着房子，开玩笑地说："这屋里怎么没挂我的照片？"

卞晓笑了："原来挂过，有留学生来玩，说这是标准的北方美女。"

"后来呢？"艾雪笑着问。

"后来我就把照片取下来了。"

"哦，对了，"卞晓想起什么，"结婚戒指你带来了吗？"

"带来了。"艾雪答。

"快戴上，一定要让人看出你结婚了。万一让哪个流浪汉看中了，觉得这个姑娘挺好，再追你呢？"卞晓半开玩笑半认真地说。

第十八章

爱，夜与明

　　巴黎的天空时而澄净如玻璃，时而雾蒙蒙飘些丝丝绵绵的小雨。到巴黎的第三天，艾雪在卞晓的陪同下去应聘了。这是一家上海人开的酒店，在巴黎比较偏僻的区域，生意不是很景气，一般用工用熟人。老板和老板娘看艾雪不像斤斤计较的人，像是能吃些苦，他们决定用艾雪。不过，老板让艾雪跟着老板娘在吧台干，因为是生手，类似学徒，工资自然要少一些。知道在巴黎找工作难的卞晓，和急于找工作的艾雪应承下来。老板说："那好，艾雪明天来上工，记得穿白衬衣、黑裙子，把白衬衣扎进黑裙子里去。"艾雪一一记下。

　　第一天上班，在老板娘的指导下，艾雪忙得不亦乐乎。同在店里打工的侍应生，有来自香港或东南亚的，对艾雪很友好，直接称呼艾雪："雪"。"雪，给你杯子。"侍应生一下递过来七八个杯子。老板娘在旁边说："杯子洗出来，要趁热擦，不然有毛毛。"艾雪很少有闲下来的工夫，穿着高跟鞋一站大半天。累，再加上站着忙来忙去，艾雪觉得脚生疼，干脆把鞋脱掉，光着脚在吧台里继续干得热火朝天。人稍多一点，老板便嘴角上扬、笑逐颜开；人一少，便嘴角向下、一脸苦相。客人散去后，正想休息一会儿的艾雪，被老板叫住了，他给了艾雪一摞厚厚的桌布，让她熨平。刚熨好桌布，老板又领着艾雪去看卫生间，说："你再把卫生间打扫一下。"

天有些黑了，艾雪走在回家的路上，几个不同肤色的人不怀好意地吹着口哨。艾雪赶紧快走几步，向地铁口奔去。打工的地方离卞晓和艾雪住的公寓不近，为了赶时间，艾雪在地铁站的电梯上奔跑。年轻、且做好吃苦准备的艾雪，并不觉得这有什么。干到第五天，卞晓让艾雪请假，领着她到了一家更大的酒店，这家酒店在巴黎较为繁华的地方，建得像中国古代的宫殿，酒店大厅里有用中国式屏风隔开的隔间。

原来，卞晓听说这家酒店有一个不成文的规定，对中国留学生优先录用，方便中国留学生勤工俭学。在一家小饭店刷碗的卞晓想跳槽到这家大酒店，但是这家大酒店不缺刷碗工，倒是吧台缺人。卞晓灵机一动，就叫艾雪来试试。

艾雪一去，经理就让试工，然后艾雪就留下了。

艾雪回第一家酒店辞工。算工钱时，本来钱就不多，五天还算成了四天。艾雪对老板说："您给少算了一天。""是吗？"老板装作诧异的样子，然后背着手，走出酒店。大约过了一两个小时，老板才回来，无奈地说："是少算了一天。"艾雪胸口像堵了一层棉花，但一想到要到新的地方去了，棉花又像云一样渐渐散去。

第十九章

爱，夜与明

有一天，艾雪正在新的大酒店前台忙碌，一个男人向她走过来。艾雪感觉这人像是在哪儿见过，艾雪没想到在异国他乡还能遇到这样熟悉亲切的人，便定定地看。男人也眼前一亮，问："你是新来的？"艾雪"嗯"了一声。白枫问："家是哪儿的？""××市。"两个人聊了几句后，男人找了个餐桌坐下，与人谈事情。艾雪问旁边的人："那人是谁？"旁边的人说："他就是这儿的大老板呀。"

负责酒店业务的经理和老板说了几句话后，走过来对艾雪说："老板对你印象很好。"

酒店的老板和员工大多比较友善。在法国，客人付了钱以后，再根据自己心情付给服务人员小费。大酒店里干练的侍应生每天的小费都不少，他们都汇总到一起，也分给艾雪一份。艾雪出国前仅在北京学了三个月法语，很不熟练，遇到凑到前台想主动聊天的法国人，艾雪都赶紧低下头，装做忙其他事情。几天后，原来干前台工作的一个东南亚人回来了一次，他是专门学这个专业的，酒店的其他员工热情地和他打招呼，他在前台娴熟而利索地干着活。原来，他在这儿干前台工作时，妻子和他离婚了，他心情不好，经常精神恍惚，虽然能力很强但不想好好干，不知是他想辞职还是酒店想让他辞职。酒店让他先带带艾雪，看着他麻利的动作，艾雪的自卑心被勾起来了。艾雪想：我不是学这个专业的，而且这也不是我的天赋所在。即使我学一辈子，可能也达不到他这样的水平。他离婚了，我再抢了人家饭碗，不是雪上加霜吗？况且，我还想上学。于是，艾雪去找了老板。

艾雪在屏风后面找到老板，说："老板我要辞工。"白枫一惊，环顾四周，说："为什么呀，出什么事情了吗？""没出什么事情，我想去上学。"艾雪答。白枫顿了顿，想了一会儿说："那好，我也不留你了。"艾雪说："能留个您的电话吗？"白枫笑了，说："好的。"于是在一张纸上写下姓名电话递给艾雪，说："你以后有空来玩。"

第二十章

爱，夜与明

辞工后，艾雪在地铁站等车，地铁开过来，艾雪欠了欠身子，没有立刻起身，这一刻终于不用那么匆忙地追赶时间了。一切都是告别，一切都是开始，只是这开始在哪里？一个法国青年过来说："看你有些忧伤，你怎么了？"艾雪说："我失业了。""你是日本人吗？"彼时，日本经济发展正好。艾雪说："不是，我是中国人。"法国青年眯眼望着远方，像望着一个神秘的古堡。他说："知道吗，我早有一个想法，到中国去看看。"艾雪笑了。

之后，艾雪在一家免费教法语的机构上学。其间，因为出国前被强暴，艾雪总是胡思乱想，一会儿担心自己得艾滋病，一会儿担心避孕药不管用。如果自己怀孕了，那可糟透了。甚至连做的梦中也充斥着满满的担心。这天，来"好事"了。艾雪悬着的心，终于放下了。

周日，一个留学生打电话联系卞晓和艾雪，说让他们到商店替人买名牌包。原来，法国出产的名牌包只卖给法国国内的三家商店，让他们在法国出售，而香港、上海也有卖名牌包的店。拿不到货怎么办？他们就给在法国留学的留学生买包的钱和辛苦费，让留学生到三家商店去买。卞晓和艾雪来到商店分头行动。卞晓从商店出来大半天了，艾雪还没出来，不知道发生了什么，其他买包的人在外面急得转圈圈，卞晓也着急。过了一会儿，艾雪终于出来了。原来，艾雪太能干了，买了很多包，因为是探亲护照，需要填出口退税的单子。光出口退税就六千多元，艾雪把它分成两份，一份给婆婆家，一份给自己娘家。艾雪把买包的辛苦费留下了。其实，艾雪出国后，单位还给她发着工资，只不过工资卡由魏珊拿着。组织买包的人笑了，希望艾雪常干。不过艾雪之后却没怎么干过这件事。

艾雪拿着别人给的地址，和卞晓一起来到巴黎一家图书馆，这个图书馆是欧洲古典建筑风格，里面装饰却很豪华现代，明亮又宽敞。

卞晓和艾雪在看书，艾雪看得津津有味。卞晓出去一会儿，回来悄悄对艾雪说："这儿的厕所真豪华。"艾雪说："看来法国政府很重视这个地方。唉，这儿会不会招学生呢？"卞晓说："你快拉倒吧。"艾雪说："不试试怎么知道。"艾雪拉着卞晓上楼，推开一个虚掩的房门，看见一个彬彬有礼的老先生。卞晓说："我去上厕所。"艾雪说："你不是刚去过了吗？"卞晓说："又想去了。"老先生和艾雪交谈得很好。等卞晓回来，老先生说："她可以当我的学生。"卞晓愕然，回过神来说："哦，好。"

过了一段时间，艾雪兴冲冲地对卞晓说："我收到了法国一所高等院校的录取通知书，学费700多法郎，相当于人民币1000多元，我打工挣的钱足够了。"

卞晓也挺高兴的。吃饭的时候，艾雪说："我还没吃饱，想再点点儿。"卞晓说："你吃那么多干什么？"旁边一位相熟的留学生看不下去了，说："你看你，老婆吃个饭，你也疼得慌。"

第二十一章

爱，夜与明

　　卞晓是公派留学生，艾雪出国前在机关单位工作，到了法国，两人就把中国驻法国大使馆当成了自己的家，经常参加大使馆指导举办的活动。最近在全法学联举办的歌咏比赛等活动中，艾雪报了两项，一项是乒乓球，一项是比较热闹的歌咏比赛。打完乒乓球，歌咏比赛还没正式开始，许多留学生在调试机器，艾雪试唱了好几首歌。认识卞晓的留学生笑着说："唱上啦？艾雪唱得真不错。"这次歌唱比赛谢绝专业人士参加，经过初试选拔后，艾雪进入了复赛。不过卞晓有事没有看正式比赛。

　　朴素的艾雪大方地演唱着《回娘家》：

风吹着杨柳嘛唰啦啦啦啦啦啦

小河里水流呀哗啦啦啦啦啦啦

谁家的媳妇　她走呀走的忙呀

原来她要回娘家

……

追光灯还在远处步履匆匆，艾雪面容自带绯色，嗓音甜美，带着一种韵味，勾出留学生们对祖国、家乡、亲人的浓浓思念。台下，掌声雷动，经久不息。

最后，艾雪获得了女子组第一名、男女混合第二名的成绩。

艾雪拿着奖品——一个咖啡机回到公寓。卞晓看着那个机器，笑得挺开心。

第二十二章

爱，夜与明

　　一大早，艾雪起来做饭，卞晓不高兴地发脾气："你不知道我晚上睡得晚，早上想多睡会儿吗？还闹出动静，烦死了。"艾雪说："我不是得去上课嘛，所以早了会儿，好好好，我尽量轻点。"

　　卞晓是公派读博士，国家只提供两年的学费，第三年的学费要自己解决。卞晓读分子生物学，整天待在实验室，加上只在北京学过一年法语，卞晓听起课来有些吃力。

　　艾雪晚上回来看《欧洲时报》，看到一则招工广告，对卞晓说："只要你愿意继续读博士，我可以去应聘，打工供你读。"卞晓不高兴地说："别说了，让我继续读博士，就是要杀了我。"艾雪只好不说话了。卞晓说："不过，你可以去打工，赚了钱我们回国花。"艾雪有些不痛快。艾雪想：好不容易出趟国，还不珍惜这次机会，想尽办法提高自己，光想着打工又能赚多少钱呢？即使带点钱回国，那就是我们出来见世面的收获吗？艾雪刚要争辩几句，卞晓的坏脾气又上来了，根本听不进去。艾雪想：唉！这个固执的人。

　　卞晓才读了一年多的课程，便自作主张停了课，联系了一家医院去打杂了。

好不容易争取到的博士名额就这样浪费了，艾雪心痛得像踩在打碎了一地的玻璃上。

彼时，一个留学生说："全法学联让推荐一个文娱部长，说最好是文娱比赛获过奖的女生。我正好观看了艾雪参加比赛的过程，便推荐了艾雪。"

没过多久，艾雪看到了任命文。

艾雪走马上任，每次全法学联组织活动，她都像夏天的一股热风，用饱满的热情为留学生们服务。全法学联要组织冷餐会，然后让大家唱歌、跳法国当地的集体舞。开冷餐会时，一个在唱歌比赛中名次不如艾雪的女留学生来了，她到现在还不服气，带着挑衅的微笑。一个留学生说："手下败将。"这更激起了她的好胜心，有点再次迎战艾雪的意思。艾雪笑了，想：通过唱歌跳舞把留学生们凝聚起来，让他们明白大家是一个集体，不要只个人出风头，她积极地唱，带动气氛，不更好嘛。于是艾雪由着她唱，随着她的歌声，艾雪亲自拉人跳集体舞，不好意思起来跳的，艾雪一个一个地拉，现场终于嗨起来，几乎人人都若一团火。艾雪在间隙里又唱了几支拿手歌，把冷餐会推向高潮……

活动有的时候不仅有留学生，也有法国人参加，有的法国人对艾雪说："你很活跃啊。"艾雪笑笑，不以为然。

人们都在夸艾雪能干，有个人不乐意了，就是卞晓。卞晓听到人们对艾雪的夸奖后，直接跑到正在为留学生服务的艾雪面前，大声呵斥着艾雪，以此显示他比艾雪还有能力。

第二十三章

爱，夜与明

好几次，艾雪看《欧洲时报》时都看到了前老板白枫的消息，诸如：白枫组织新移民研讨会；白枫回国，随行的有明星苏晓明等。看《欧洲时报》下面的招聘广告时，艾雪发现一家侨报社在招人。艾雪决定去试试。找到那家侨报社，艾雪才发现离她原来打工的酒店不远。推门进酒店，正巧白枫也在。白枫笑着问艾雪："近来挺好吗？""还好。"艾雪说，"我刚刚去一家侨报社应聘，离这儿不远，过来看看您。"

艾雪接着说："法国一家大剧院上演剧名为《华人与狗不能入内》的戏剧，是您给《欧洲时报》写了一封读者来信，并与其他人一起同剧院交涉，最后取得胜利的吧？"

白枫不好意思地笑了，说："每个中国人遇到这样的事都会这么做的。"

白枫话题一转，说："全法学联举办歌咏比赛时，你唱得不错呀，很有潜力啊！"

这次轮到艾雪不好意思地笑了，说："我是业余的，要是专业的歌手参加，我获不了奖。"

两人相谈甚欢。

此后，两人经常通电话。

艾雪顺利通过试用期，开始在那家侨报社打工了。那家报纸版面上一半中文一半法语，报社里人不多，一个总编，一个女记者，再就是总编的儿子和艾雪，是一家小报社。艾雪刚去，从事文字录入工作，字是繁体字，艾雪要认出简体字是什么，然后用五笔打出来，再转化成繁体字。总编很快发现，当自己在时，艾雪认真地干；当只有女记者和艾雪时，艾雪也不聊天，只是埋头干手里的活。总编很满意，这一满意，话就多起来。总编是华侨，在法国读的博士，用法语写小说，用汉语写诗。得知艾雪也写诗，总编很高兴，说："这儿有诗歌的版面，你可以试试。"

总编和一个法国女子结婚了，生了一个男孩，又离婚了。他经常主动给艾雪介绍法国的风土人情。

从总编的介绍中，艾雪了解到，在法国，同居是受法律保护的，一样可以分割财产；法国人是可以找情人的，只不过谁在自己心里地位高，自己心里有数，拎得清；法国人甚至可以单纯为了追求感官刺激就发生关系。

一通狂轰乱炸，惊得艾雪额头上的汗水一次次滴落。

第二十四章

爱，夜与明

一次，艾雪和白枫通电话，白枫听说艾雪住在学生公寓后，提到他也曾是留学生，想过来看看。

过了一会儿，白枫敲门，艾雪开开门，见白枫一袭风衣，高高的个儿，挺拔的身姿，像电影明星一样玉树临风。"嗯，还是我原来留学时的样子。"白枫环顾屋子说。艾雪拿出自己写的几首诗给白枫看，白枫说："我没想到你诗写得这么好。"艾雪不好意思地说："哪里，还请你多指教。"白枫说："不敢，写诗前我先净净手，隆重一点。"接着，两人共同写就一首诗：

无题

太阳
从他覆满落叶的身躯上走过
停留在我的窗前
向我凝视

屏风
立在两个世界的边缘
身在地上
心在地下

角檐下的风铃
哑了
蜡烛已在橘黄色的梦中熔化
不曾滴到他的身边

天一样阔的腮边
挂着一大滴泪
一声叹息
随风漠然前行

　　突然，白枫从后面抱住了艾雪的肩，在艾雪耳边说："其实，我
见你第一面就喜欢上你了。"艾雪脸红了，但理智告诉她不可以，她
挣扎了几下，挣脱了。

　　巴黎的建筑物是古典式的，街道的每一处花坛都经过精心设计，
像艺术品。街道上随处可见画抽象人物画的画家，飞飞落落的鸽子，
和在咖啡厅一杯咖啡喝一天的人。
　　遇到热吻的男女，艾雪不好意思看，低头走过。
　　艾雪想起白枫，想起他说："其实，我见你第一面就喜欢上你了"，
又想起丈夫卞晓，卞晓曾为自己没洗衣服而大发脾气。艾雪争辩道："我

这几天忙。"卞晓怒道："别说了，你其实就是懒。"艾雪矛盾地摇摇头，忍不住拨通了白枫的电话。

白枫敲门，艾雪开门。白枫猛地抱住艾雪。艾雪没想到，到法国后还能遇到一见钟情的男子。共同的爱好、彼此的欣赏、与丈夫卞晓的矛盾，以及法国开放的氛围，让艾雪把持不住自己。虽然结婚了，可眼前这个人明明就是自己的初恋啊……

艾雪挣扎了几下便软了下来，两个人缠绵在一起……事后，艾雪的脸红极了。白枫爱怜地说："你还会脸红。"

有一次，白枫说，对他而言，艾雪是奢侈品。

第二十五章

爱，夜与明

艾雪毕竟结婚了，思想又那么传统，法国的观念接受起来也不是那么理直气壮。但艾雪对白枫又是那么认真，想起自己对婚姻的不忠，一个声音说："艾雪，你是错的。"可是艾雪和白枫又那么情投意合。艾雪给白枫打电话，白枫问："你在干什么？"艾雪说："我在享受……"白枫说："是享受生活吗？"艾雪说："不，在享受痛苦。"

转眼间，新年就要到了。艾雪和卞晓来到卞晓打工的一家温州夫妻开的酒店里吃饭，酒店里张灯结彩，一派喜庆的气氛。老板对艾雪说："这里有许多很贵的酒，你随便挑着喝。""有的很贵的！"老板又强调道。没喝过酒，也不太懂酒的艾雪，随便倒了一杯。不一会儿，酒店里聚拢了许多人，有法国人，也有中国人。令艾雪奇怪的是，自己起来跳舞，他们就围着自己跳。艾雪体验到了众星捧月的感觉。从酒店人员的暗示里，艾雪明白，是白枫用这种方法为自己庆祝新年。艾雪端着酒杯喝了一大口，泪湿了眼眶，再喝一大口酒，她擦一擦泪，起来跳舞。

快到天明时，这一切才停下来。艾雪说了一句："这个新年礼物很别致啊。"老板、老板娘松了一口气，笑了。

虽然出国前艾雪还不是党员，但早在上学时她就递交了入党申请书，受党教育多年，又是多年的入党积极分子。在动身来法国的前几天，艾雪来到了当地的党史陈列馆，久久地立在一幅照片前。那是二十世纪二三十年代、一个时髦美丽的女子的影像，她白皙的手腕上还戴着块摩登手表，说明这是个富家女子。为了党的事业，她抛却富裕的生活，甚至不惜牺牲自己的生命，为什么？为了共产党的信仰！

二十世纪九十年代的法国确实比中国富裕，各种思潮纷纷扰扰。当时，有很多想留在法国的中国人甚至伪造证明，说是寻求政治避难，但是艾雪不，她的思想栖息地在中国，这是支撑她的信念。

在法国巴黎的图书馆，艾雪看到了许多在国内看不到的资料。艾雪看得入迷，经过分析，并结合自己在国内的所见，得出的却不是那些法国主流舆论对中国的看法，她坚持自己原本的看法。

全法学联组织留学生去凡尔赛宫和枫丹白露游玩。凡尔赛宫建于路易十四时代，正值中国的康熙王朝时代，和故宫同是皇家宫苑，同样金碧辉煌。故宫是冷色调的，建在中轴线上，它彰显的是普天之下唯我独尊的气势，甚至在皇帝的寝宫里也能感受到等级的森严；而凡尔赛宫的色调是明快的，在皇帝的寝宫里能感受到一丝温馨的气息。故宫重门深锁，而凡尔赛宫门口只有一排小栅栏。东方是内向的，西方是外放的。中国的民间传说多是读书人金榜题名后，被招为驸马或成为高官的乘龙快婿的故事，"官本位"思想由来已久，而法国的传说多是类似王子爱上牧羊女的故事，具有"平民意识"。从建筑可以看出，中国的封建社会把王权发展到了极致，而法国的封建社会中孕育着人文气息。中国的封建社会存在了几千年，而法国的封建社会只有一千多年。

艾雪的领悟是：历史文化传统不同，人们思考问题的方式必然不同，不能强求一致；中国共产党的领导是历史的选择，是人民的选择；中国选择的道路是符合当前中国国情的；通往共产主义的路途布满荆棘，要有远大理想，用坚定的信念和良好的心态去做好当前的事情……

在这一点上，艾雪和白枫的看法是一致的。白枫每年都回国，他说："中国这么大，政府的政策是符合国情的，那些人说的办法不行。"

艾雪想：想说真话的人多，敢于说出真话的人少。但只有说真话的人多了，社会才真的有希望！

于是艾雪在各种场合讲着她眼中的中国。"我眼中的中国是这样的……"这是艾雪的开场白。

侨报的总编和艾雪的观点不一致，艾雪经常和他争辩……

全法学联组织活动时，艾雪给别的留学生讲自己的感悟与看法，艾雪发现，有记者在一旁记着什么……

侨报的总编对艾雪说："你应该在《欧洲时报》工作。"艾雪不在乎，宁愿辞工，也要坚持自己的观点与看法，还是与总编吵得不亦乐乎。

有几天，艾雪没看《欧洲时报》，几个留学生告诉艾雪，她的照片被登在了《欧洲时报》上。艾雪挺高兴的，想找那几天的《欧洲时报》，一个留学生说："难道你是一个很在乎名利的人吗？"艾雪想：我所做的一切，难道是为了上报纸吗？于是艾雪没有再去找那几张报纸。

第二十六章

爱，夜与明

　　那时候，中国人和在法国的亲人之间一般选择写信联系，有急事时才打国际长途，对一般家庭来说国际长途是很贵的。艾钢炮和魏珊打来国际长途，艾钢炮简单说了几句后，魏珊说起卖减肥药的打来电话，问艾雪是否还要减肥药。后来艾雪才明白母亲这是替卖减肥药的打探自己的态度，因为自己说过要报复他。在法国如鱼得水的艾雪，似乎忘记了什么，说："不用了。"魏珊好像放下心来似的，不再说了。

　　艾雪对母亲从未有过别的想法，虽然从邻居阿姨口中，隐约听过，自己还是婴儿时，好几次处在危险的边缘。艾雪到十个月时确实身体变差，到了农村由姥爷姥姥抚养才好起来，再回城市时，身体已然很健康。小小的艾雪听信了母亲的解释，她说自己工作忙，艾雪又经常哭闹，没办法才送回了农村老家。从大城市长大的哥哥身体弱，母亲特地给他订了牛奶。母亲总说艾雪身体好，不需要喝奶。艾雪也觉得理所应当。

　　在大城市长大的哥哥对农村长大的妹妹，从来都是一副看不起、很嫌弃的样子，故意气艾雪："你是捡来的，我是亲生的。"艾雪也不往心里去。虽然艾雪感觉邻居一家人对自己都很友善，但关上家门，母亲总说："艾雪，记住，阿姨是不怀好意的人，她背后总说你坏话呢。"

艾雪考上中师那年的暑假，母亲第一次带艾雪出去玩，还是出远门，去母亲的姐姐所在的大城市，也是哥哥长到八岁的地方。二姨父是老革命，也是南下干部，还是一家国营企业的负责人。二姨家生活非常好，在那个年代经常有鸡鸭鱼肉吃。夏天，表哥工作的厂里每天都发一大保温桶的雪糕。剩的雪糕，二姨害怕浪费，就劝艾雪都吃掉。吃了一大部分后，艾雪实在吃不下去了，但看着二姨期待的眼神，艾雪勉强自己吃了下去，结果一直拉肚子。艾雪虚弱地躺在床上，正好二姨家来客人，母亲用一床厚被子把艾雪从头到脚盖住，让艾雪躲进被子里，不许露头，不许出声。"不要给二姨家添麻烦。"母亲嘱咐艾雪。此时正是盛夏，盖毛巾被都热，艾雪在厚厚的被子里热得虚脱了，却又不敢露出头来喘气，只能在被子里咬牙忍着……

送走客人，二姨问："咦，小雪呢？"艾雪这才露出头来，说："二姨，我在这里。"说这话的时候艾雪已经有气无力了。知道原委后，二姨责怪地看向母亲，然后和母亲一起领着她去看病。结论出来：急性肠胃炎转成急性心肌炎。

听到这个消息，二姨和二姨父认识到严重性，脸色很凝重。母亲却说学校马上要开学了，她得赶紧回去上班，要把艾雪留在二姨所在的城市，自己走。二姨父拉下脸来，训斥了母亲一顿，她才勉强留下。其实，照顾艾雪的，主要是二姨和二姨父，在他们的精心护理下，艾雪恢复了健康。

但是，魏珊带着养好身体的艾雪回到家，却对外说艾雪得了心脏病，特别严重。

上了中师的艾雪，从没跟家里要过一分钱，还用学校发给学生的奖学金给母亲过生日。听到同学们都说家里人怎样关爱自己，周六回家，艾雪冲着母亲动情地说："妈妈，我回来了。"由于和母亲分开了一段时间，艾雪以为母亲会回报一点温暖。母亲却很烦地说："怎么时间过得这么快？又星期六了，你怎么又回来啦？"一盆凉水浇到了艾雪头上，艾雪定了定神，心想：是啊，母亲不一直是这样的吗？是自己异想天开罢了。

　　从小像小草一样存在着的艾雪，看起来很柔弱的艾雪，到了巴黎，终于可以按自己的天性活了，艾雪慢慢变得自信起来。

第二十七章

爱，夜与明

　　艾雪跟着姥爷姥姥长大。那时能用窝头、黑面馒头填饱肚子就不错了，可有姥爷姥姥的疼爱，艾雪是快乐的。艾雪长到五岁时，姥爷承包了一片桃林。结出大大的桃子时，姥爷让艾雪去看桃林。"不要让别人偷桃子。"姥爷嘱咐艾雪。艾雪点点头，可是自己在桃林里干什么呢？看看这棵树，看看那棵树，艾雪展开所有的想象。这像什么？像老人头。那像什么？像孩子脸。想象完了再干什么？无聊的艾雪突然发现，桃树很低，低到她小小的个子也能够得到桃子。于是艾雪开始摘桃子，在衣服上擦擦毛毛，吃了起来，桃子真甜啊！在当时缺吃少穿的农村，这是天外之物吗？一吃就一发不可收的艾雪，每天都在那儿吃桃子，直到姥爷来收桃子，才发现所有艾雪能够到的桃树上的桃子，都被艾雪吃光了，仅剩了两棵较高的桃树，艾雪够不着，一点儿没吃。知道自己做错事的艾雪低着头，但她还是替自己辩解了一下。艾雪至今记得，姥爷一个字也没批评自己，自己的能言善辩，反而让姥爷高兴地笑了，说："那两棵高的桃树上的桃子卖的钱，足以超过承包的钱了，再说你吃了，营养在你身上，不亏。"艾雪至今记得当时自己的感动，直到今天，艾雪还爱吃桃子，一吃桃子就想起慈爱的姥爷。

姥爷每日包着头，像农民一样干活，其实，姥爷年轻的时候曾在大城市工作过。后来，姥爷回到农村，曾在大城市读书的大姨，也回到急需教师的农村，当了一名教师。大姨二姨找的对象都是干部。姥爷当农民之余，有时教小小的艾雪一些文化知识，看到艾雪学得那么快，姥爷总是很欣喜，也很喜欢聪明的艾雪。

后来，艾雪回到了城市，在母亲所在的学校上学。艾雪回想起来，发现母亲并不像正常母亲那样让孩子多学习，虽然嘴上说学习多么多么重要，但她的一些做法是给孩子捣乱的。比如，和母亲很要好的一名教师，是艾雪上一年级时的班主任，这个班主任经常对艾雪说："孩子，身体是革命的本钱，今天的作业你不用做了。"因此，艾雪养成了不做作业的习惯，母亲和这个班主任却对外说艾雪很刻苦。好在艾雪上课听得认真，学习成绩很不错，别人也信以为真。直到和母亲有矛盾的一名教师当了艾雪的班主任，艾雪不做作业的毛病才被纠正了。

临近毕业时，教数学课的教师有求于母亲，一到上课，就对专心听讲的艾雪一顿讽刺挖苦，艾雪上课时有点心神不定了。母亲说"读杂书最影响学习了"，因此下了死命令，不允许艾雪看课外书。艾雪借了同学的书，害怕被母亲发现，只能躲到楼梯拐口的小黑屋去读，但艾雪的视力还不错。艾雪上初一时，一个学校老师的孩子，想到魏珊他们学校当老师。那名女子见了艾雪格外热情，艾雪很高兴，和她玩在一起。放暑假了，那名女子引着艾雪进了一间空教室，她在里面画画，艾雪就拿出作业来做。令艾雪奇怪的是，那名近视眼女子，说是怕人从外面看见，把教室里所有的窗户都用报纸糊死了，教室里一点阳光也透不进来。就这样，艾雪和那名女子在暗暗的教室里待了整整一个暑假。初二一开学，艾雪视力急剧下降。母亲视力很不好，是戴眼镜的，现在艾雪也戴上了眼镜。母亲对外说："艾雪是因为太用功，所以眼睛近视了。"

母亲还是很注意培养哥哥的，然而上了中学的哥哥，学习怎么也不行。而艾雪虽然每晚八点就睡觉，但成绩还是不错的。父亲艾钢炮到学校开家长会，体会到了冰火两重天的感觉。到了哥哥的班主任那儿，哥哥的班主任说："你这个孩子太差了，不可教，我是没办法了。"到了艾雪的班主任那儿，班主任就对他很热情。

艾钢炮当年学习很好，高一时，家里出了变故，不能上学了，艾钢炮愣是用两个月自学了高二、高三的功课，考上了大学，又以优异的成绩大学毕业。人人都知道艾钢炮学习好。可是自己的儿子怎么学习这么差，艾钢炮接受不了。魏珊说："艾雪学习也不是最好的，儿子可能是遗传，你想想你的亲人里有没有笨的。"艾钢炮想了想，说："还真有，就是老奶奶。"唉，还是怨自己祖上亲人的遗传啊。艾钢炮就不再说什么了。

俗话说：三岁看大，七岁看老。从小受姥爷熏陶的艾雪骨子里是传统的，这种传统成了她的天性。

具备这种天性的艾雪，对婚姻看得非常神圣，却稀里糊涂地结了婚，又在婚内遭到了强暴，现在又在婚内爱上了别人。自己已经变了吗？可自己骨子里明明是传统的。这种矛盾快把艾雪撕成两半了。终于，痛苦万分的艾雪做出了一个决定。

第二十八章

爱，夜与明

　　艾雪哭着对丈夫卞晓坦白了自己的遭遇。艾雪说："我做了对不起你的事，爱上了别人，我没资格再和你在一起，我们离婚吧。"

　　"他是谁？我要去找他。"卞晓痛苦地说。

　　过了一天，卞晓回到学生公寓，对艾雪说："我去找他了，我发现他确实很喜欢你。他问我有什么要求，我说我只要求把你带走，别的什么都不要。你给他打电话吧。"说这句话的卞晓是有底气的。因为卞晓发现，白枫虽然爱艾雪，但他认为不能因为自己的插入，破坏艾雪的家庭，自己的幸福不能建立在别人的痛苦之上……

　　电话拨通后，艾雪说："我们做了错事，我们要受到惩罚。"

　　白枫说："破坏别人的家庭是不道德的，我们永远不要再见面了。"艾雪泪如雨下。

　　此后，白枫一直默默地爱着艾雪，这是很多年以后，艾雪才知道的。正如白枫所说：婚姻仅仅有爱情还是不够的。那婚姻还应有什么？直到很多很多年以后，艾雪才明白过来。

　　卞晓给艾雪的父母打了国际长途，说了艾雪的事。艾钢炮刚要问那人是谁，魏珊抢先说："现在卞晓在说他和艾雪的事，让他们回国再说。"

艾雪出国前，艾钢炮、魏珊给她带了许多奋乃静，装在一个个小瓶里。卞晓直到此时才发现这些药，问："你们给她吃的什么药？"

艾钢炮被逼无奈，说出了奋乃静的名字。

成功举办多次活动之后，全法学联准备组织交谊舞培训班。场地联系好了，在中国驻法大使馆教育部的一个房间。正在这时，传来了国内某领导人去世的消息。

艾雪接到一个陌生的电话，说："我给你找好了人，咱们去大使馆跳舞。"

"可是领导人刚刚去世。"艾雪说。

"我们该干什么干什么。"对方说。

"这不好吧。"艾雪说。

"这里是法国。"对方说。

"气氛不对。"艾雪说。

对方没再说什么，挂了电话。

不几天，法国的侨报登载了消息，有的侨胞在街头流泪，表达对他的无限追思与怀念之情。

关于中国会怎么样，有好多说法。

艾雪想：不管怎么说，现在各方应团结一致，保持稳定。于是艾雪在各个场合表达自己的观点。

艾雪吃药的事也公开了。艾雪在路上走，忽然发现前面有一个打扮怪异的女巫，艾雪惊了一下，定睛一看，原来是一个打扮成童话故事里的人物的演员，艾雪碰到过好几次这样的事情。许多年以后，艾雪想：或许有人用这种方法来测验自己的精神是否真的出了问题。

有人邀请艾雪参加晚宴。艾雪和卞晓因有事去晚了，艾雪穿着朴素的、有点旧的红大衣赶到时，已经到了饭后吃甜点和饮酒的时间。门口的法国侍应生小心翼翼地接过艾雪的红大衣，像拿一件很珍贵的东西一样把它挂了起来。铺着桌布的桌子围在四周，负责倒酒的法国侍应生在桌子后面站着，参加宴会的人拿着酒杯自由走动，和想聊天的人，举起杯碰一下，聊几句。参加晚宴的大部分是法国人，还有操着流利法语的中国人。一个法国人好像有什么问题想问艾雪，一个扬州人用流利的法语挡了一下，开玩笑地说："她很漂亮啊。"显然，那个法国人不是奔着艾雪的漂亮来的，听到这种回应，那人一时不知说什么，扬州人就借机和他聊了些别的。卞晓说："这儿的甜点真好吃，趁机多吃点啊。"艾雪说："我们不是来吃的，应该借机谈事情才对。"卞晓哪管这些，到处转着找好吃的。

　　宴会结束后，组织宴会的人礼貌地在门口送客。

　　艾雪敏感地意识到，留在法国有前途有希望。活跃的艾雪引起了法国人的注意，也获得了他们的尊重。就连报社女记者也说，报社老板告诉她，如果艾雪继续在报社干下去，他会帮艾雪办长期居留。曾和艾雪一同在北京学习外语的女同学，现在也到了巴黎，拼命劝艾雪留在法国。但是艾雪心里牵挂的是祖国啊。可以留在法国的艾雪，因爱国决定回国。她对卞晓说："我决定回国尽一份力。"卞晓高兴地说："你要和我一起回国？"艾雪说："是的。"卞晓认为，只要艾雪回国，就能彻底离开白枫，自然很高兴。

第二十九章

艾雪到学校找导师米歇尔教授辞行。听说艾雪要回国，米歇尔教授表示要给艾雪开学习证明。艾雪想：虽然在大图书馆看了不少书，但我的思想是在国内形成的。于是，艾雪轻轻地说："不用了。"

卞晓和艾雪一起回到国内，各自回原单位上班。那时候单位都对留学回国人员很重视，回国不久，卞晓得到了晋升。艾雪对在法国的风光只字不提，人们只知道艾雪是出国陪读的。因为临回国时没开证明，没人知道，艾雪在法国名牌大学学习过。

卞晓打来国际长途后，艾钢炮认定艾雪精神出了问题，跑到艾雪单位说："艾雪想到医院看看。"艾雪的同事拿着东西去看望艾雪，说等艾雪好一些了再去上班。

刚回国的卞晓对艾雪真的不错。艾钢炮说："艾雪，如果你真的做了对不起卞晓的事，卞晓还这么对待你，说明他爱你啊。"艾雪想到自己的不堪，想到卞晓的好，觉得也许真的如父亲所说，卞晓爱自己。艾雪被感动了，决心和卞晓过一辈子。

艾雪上班后，单位对艾雪没什么要求，但艾雪想写点东西。艾雪原来写诗，没怎么写过新闻稿。艾雪找到一家报社，表示想学写新闻稿，以便完成单位的宣传任务。听说艾雪想学写新闻稿，那家报社的两名编辑热情地接待了艾雪。在他们的帮助下，艾雪进步很快，稿件频频见报。其中一名编辑，有艾雪的联系方式，有时会和艾雪通电话，也知道艾雪曾经在法国待过。一天，那位编辑说，他在艾雪单位附近办事，想见一见艾雪。艾雪应邀去了，他留艾雪吃午饭。艾雪想：来而不往非礼也，等以后自己请回去就行了。于是便留了下来。吃过饭，往外走的时候，路过一处房间，那位编辑突然去拽艾雪。艾雪吓了一跳，变了脸色，抬腿就往外走。

　　此后，艾雪寄去的稿件，那位编辑都不给发了。但是这也没有动摇艾雪的心。艾雪又去找别的编辑，虽然发得少，但勤奋的艾雪，还是有不小的收获。

　　艾雪和卞晓回国没几天，就接回了儿子卞冬，送卞冬上了幼儿园。卞晓单位分给他们一套两室一厅的房子，虽然离艾雪单位很远，但三口之家总算有了稍微像样的立身之所。艾雪骑自行车回家，一路上坡，由于蹬得费劲，加上路远，艾雪的裤子都被磨破了。艾雪回到家很累，但卞晓丝毫没有察觉，依然严格要求艾雪，艾雪从来没有怨言。

　　艾雪变得更朴素了。她觉得卞晓应该花钱，儿子应该花钱，而自己不应该花钱，对自己省了又省。

　　卞晓找人给艾雪看病，艾雪问看病的人："我怎么了？"看病的人说："你没什么大事，就是有点心理障碍。"卞晓跟着去了一次。他也问："她怎么了？"看病的人说："她病得很严重，是最严重的一种精神病。"卞晓听完直接傻眼了。那个看病的人给开的药量也不大，吃了以后，艾雪感觉挺舒服挺高兴的。只是不知怎么，艾雪看见饭菜就觉得香，别人都说单位食堂的饭不好吃，艾雪却觉得奇香无比，一到饭点就迫不及待。慢慢地，艾雪变胖了。舍不得给自己花钱的艾雪没有随着身材的变化，给自己添置些合适的新衣服，还穿着出国前买的衣服，衣服是紧身的，显得人更胖了。不合体的衣服穿在浑圆的艾雪身上，让人忍俊不禁，艾雪却不觉得有什么。

　　此时，回国后春风得意的卞晓，有些骄傲了，对病了、胖了的艾雪渐渐有了厌嫌之意。艾雪对此毫无觉察，还以为卞晓爱自己。她一直很知足，直到看到不愿相信的一幕，才知道：该来的早晚会来，一切都是需要还的。

第三十章

爱，夜与明

　　女子瑟瑟发抖地和卞晓、艾雪一同坐在客厅里。那名二十一二岁的女子狡辩说："我们没干什么呀。""我都看到了还这样说。"艾雪和颜悦色地问，"你叫什么名字，在哪儿工作？"那名女子放松了下来，一一作答。艾雪得知那名女子叫胡艳，在建筑公司工作。说不清心里是什么滋味，艾雪走出门去，用公用电话跟艾钢炮、魏珊说了这个情况。他们说千万不要报警，也不要让卞晓单位知道。艾雪知道自己有错在先，虽然心里也不好受，但两人应该说是扯平了，所以根本不想报警或闹得沸沸扬扬、人尽皆知。打完电话，艾雪回到家，发现胡艳趁自己打电话的间隙，偷偷跑了。

　　事发后，卞晓有点着慌，他不知道艾雪会不会去单位告发他，如果被告发，那他现有的一切就会毁于一旦。为了稳住艾雪，那几天，他小心翼翼地对待着艾雪。

　　过了一段时间，有一天，卞晓躺在床上想事情。他想，他要在婚姻上搏一搏，哪怕结多次婚，离多次婚。

　　卞晓对艾雪说："我爱上了别人，我们离婚吧。你再去找一个。"

回国后铁了心要跟卞晓过一辈子的艾雪，体会到了卞晓之前的痛苦。

艾雪想起，回国后卞晓受到重用，收入增加了不少，刚结婚时自己的工资高，两人工资放一起，谁用谁花，现在收入比周围人高出不少的卞晓，仿佛变了一个人。一次，卞晓和艾雪逛文化市场，不知是不是商家碰瓷，商家说艾雪不小心碰坏一个小物件。商家让艾雪和卞晓赔钱，卞晓很生气，先冲着艾雪发了一通脾气，然后和商家一同来到了工商所。在工商所，卞晓财大气粗地说："我不管什么理由。我有钱，就是要折腾折腾她。"艾雪对当时卞晓的行为有些反感：眼前分明是一个暴发户啊。这还是那个穷学生卞晓吗？那个商贩再有错，指出她错的地方就行了。人和人是平等的，有钱怎么了，有钱就有权折腾别人吗？

过了一段时间，卞晓对艾雪提出了 AA 制。艾雪奇怪：在法国，卞晓没有提出 AA 制，因为有钱了，就提出 AA 制了？

卞晓想跟艾雪离婚，提出孩子归艾雪，在财产分割上也想占尽上风，卞晓甚至有些后悔去找过白枫。

第三十一章

爱，夜与明

艾雪的公公在女儿的陪同下来到这里查病。本就是医生的公公感觉不妙。果然，结果出来，是胰腺癌。

老两口在家时，不知怎么又翻起了不愉快的往事，公公一生气，觉得身上有地方痛得不行。艾雪回卞晓老家时，曾劝公公去查查，公公不以为意，等去查，却是这样的结果。到这时，公公才真正重视起身体来。卞晓和艾雪所在的城市医疗条件好一些，卞晓就在当地最大、最有名的医院工作。公公有留在城市养病的意思。正值单位头一次实行"一推双考"，艾雪表示，跟单位请假，做好后勤，和卞晓一起照顾公公，间隙里学习备考。出乎艾雪意料的是，卞晓却执意送公公回老家。卞晓这么坚决，公公也不好说什么，只好回老家治病了。

卞晓觉得，家人得了不治之病，不要费尽心力去治，否则，人也没了，钱也没了，多不划算。

公公在老家住了院，艾雪的主任说："艾雪，你公公和你不在一个城市，你去看看就行了，不一定要去照顾。"

艾雪总觉得，即使要和卞晓离婚，也要把该尽的责任尽上。

正好单位要进行为期一两个月的计算机培训，虽然卞晓没让艾雪去照顾，艾雪还是利用这段时间，来到了卞晓老家。艾雪的公公住院，卞晓的妹妹和妹夫大部分时间都在医院照顾，卞晓的大姐没从单位请假，但下班后也赶过来照顾。艾雪的婆婆觉得妹妹一家生活困难，又是照顾的主力，就给了他们一部分钱，卞晓的大姐想不通，不乐意了："我也照顾了，凭什么光给妹妹妹夫钱？"艾雪说："卞晓工作忙，没能过来，我们应该多出些钱。"于是同时给了大姐和妹夫钱，大姐才消气。妹夫抢着照顾公公，艾雪就在家照顾婆婆，给公公和照顾公公的人做饭送饭。一次，吃饭时，有一盘剩香菇有点变味，婆婆不让倒，放在了艾雪面前，艾雪就吃了，结果拉肚子。恰好，那个周末卞晓来了，看到艾雪拉肚子，卞晓大发雷霆，生艾雪的气。艾雪也委屈，虽然自己拉肚子，但活儿一点儿也没耽误，没人关心难受的自己，还被人不分青红皂白地臭骂一顿。不过，卞晓不一直都是这样的吗？虽然心里不舒服，但艾雪知道卞晓的脾气，也没说什么。

一两个月没去听课的艾雪，靠着自学，计算机考试过关了，成绩还不错。

公公还是去世了。

送葬的时候，艾雪哭得很伤心。卞晓却并没有怎么流眼泪……

吃饭时，艾雪的大姑姐因为艾雪的婆婆给妹妹妹夫钱、不给她钱而耿耿于怀，对艾雪的婆婆很有意见。

艾雪说："虽然单位不是很愿意，但我还是请假照顾了公公，我觉得没有遗憾了。"

公公老家的亲戚很赞同艾雪的说法，对艾雪的印象都很好。

公公得病，卞晓没有把他和艾雪之间的事情告诉他。公公是带着对艾雪的好印象离开人世的。

公公去世后不久，卞晓便把自己和艾雪要离婚的事告诉了家里人。

一直以为他们感情很好的艾雪的婆婆奚连美吃了一惊。一家人对艾雪印象都很好，都不大愿意让他们俩离婚。奚连美问卞晓："艾雪在法国的事，外人知道吗？"卞晓说："不知道。""不知道怕什么？"奚连美说。

第三十二章

爱，夜与明

还在上幼儿园的卞冬似懂非懂地觉得大人们之间好像发生了什么。听姥姥姥爷的意思，是爸爸在外面办坏事了，是踢足球时绊了人吗？小小的卞冬想。

虽然卞晓对艾雪明确表示不想承担抚养儿子的责任，但他觉得艾雪工资不高，自己有钱，工资加上奖金收入不菲。即使自己不养儿子，儿子也会向着自己。他私底下对儿子说："儿子，我要给你找个新妈妈。"卞冬把这句话说给姥姥听，然后小小的卞冬说："找什么新妈妈，爸爸妈妈两个人在一起多好，他们要是分开了，我去哪儿？"当卞晓说要出去时，小小的卞冬总是说："爸爸，我跟你一起去。"艾雪觉得没必要，就对卞冬说："没事，儿子，让你爸爸自己去就行了。"儿子给艾雪使眼色，接着说："爸爸，我一定要跟你去。"艾雪和卞冬在一起时，小小的卞冬说："妈妈，你不明白我的意思，我盯着爸爸。"艾雪笑了，想，这人小鬼大的儿子，作为大人，让本应天真烂漫的孩子承担这么沉重的东西，真是对不住儿子。艾雪感觉心里不是滋味，有些心酸。

卞晓愈发得意扬扬，对艾雪说："有人说，我现在挣这么多钱，应该让人伺候。"然后又怒道："我辛苦一天，你进门不说给我递毛巾、拿拖鞋……天啊，你竟然敢穿我的拖鞋。"每天，卞晓都对艾雪百般挑剔，一点小事，就能引来卞晓一阵"电闪雷鸣"。

艾雪肚子疼，捂着肚子。卞晓怒目而视道："你装得还挺像，是不是为了逃避做饭？我让你不做饭，我让你不做饭！"边说边把小折叠床踹倒了，然后对卞冬说："儿子，走，我们去饭店吃，让她自己在这儿。"卞冬担忧地说："妈妈你肚子疼吗？"艾雪眼里含着泪，说："儿子，没事。"卞晓说："我说你是装的吧。"艾雪说："我不是装的。"卞晓怒吼："还说！还不赶紧做饭去！"艾雪刚要争辩，转念一想：是自己先对不起卞晓，自己做错事应该受到惩罚。即使是受折磨也是自己活该，忍了吧。于是艾雪默默走向厨房。

转眼间，卞冬到了上小学的年龄，或许是为了离婚做准备，卞晓想让卞冬上离艾雪父母家近的一所教学质量一般的小学。当时选择上好的学校，但还得看单位的情况。艾雪单位辖区内有一所名牌小学，艾钢炮让艾雪找领导问问能不能让卞冬上这所小学。结果卞晓不愿意了，和艾钢炮进行了一场"论战"。卞晓先数落了一通艾雪的不是，然后说："这所小学这么远，得接送，怎么能行？"艾雪说："这你别管，我来接送。"卞冬发言了，说："爸爸，你是不是还想让我上农村的小学啊？"儿子的质问让卞晓哑然了，他不耐烦地说："去办吧，办吧。"

艾雪找了当时单位的领导，单位领导支持。于是，卞冬顺利地入学了。

这时，卞晓转过头来抢功了，对卞冬说："儿子，你上学的钱，是我出的。"卞冬学给艾雪听，艾雪觉得好笑，心想：卞晓是挣钱多，但卞晓对儿子上学这件事一直采取不闻不问的态度，这事都是自己一手操办的，儿子上学的钱是从自己多年攒的钱里拿出来的……但卞晓和卞冬毕竟是父子，说出实情，对儿子是一种伤害，于是艾雪没有说什么。

艾雪和卞晓回国后不久，艾雪单位建住房。当时，卞晓对艾雪还很好，两人拿了四万八千元交了钱。卞冬还没上学时，房子就盖好了，是两室两厅，九十多平方米，比卞晓分的房子大，地理位置也好一些。

卞晓正忙着在自己单位制造舆论，说自己和艾雪整天吵架，艾雪如何不好，两人如何不适合等等。

艾雪忙着装修房子，卞晓一点也没有插手，艾雪便一个人忙来忙去，最后买的电冰箱、空调、电脑，艾雪是和还在上幼儿园的卞冬一起挑的。

当新房收拾停当后，卞晓也觉得不错，就一起过来了。

这时候，魏珊和艾雪的嫂子已经闹得水火不容，路人皆知。魏珊为了平息人们对她的议论，也为了博取别人的同情，对外说自己和艾雪嫂子有矛盾是因为艾雪。

艾雪的堂哥和堂嫂一直对艾雪很好。艾雪的堂哥在农村老家长大，考上中专后在城市娶妻生子。艾雪记得自己上中师时，同学们到自己家来玩，正好堂哥胜胜哥哥也在，胜胜哥哥热情地招待自己的同学，还说："请你们多关照我们家艾雪啊。"头一次受到如此重视的艾雪体会到了温暖的感觉，心直口快又善良的堂嫂姪姪姐姐对艾雪也没得说。堂兄堂嫂要搬新家了，请艾雪去温锅，艾雪高兴地答应了。在和母亲通电话聊天时，艾雪提及这件事，没想到母亲突然说："不对，艾雪，你堂嫂这样做是故意气你。"艾雪说："不会吧？"母亲说："就是这样，我让你父亲去训姪姪。"艾雪给父亲打电话说："不会吧？不会是这样的。"一直非常信任魏珊的艾钢炮说："你不懂，你母亲最能看出问题了。"于是父亲真的跑到堂兄堂嫂家，劈头盖脸训了姪姪一顿，理由是姪姪欺负艾雪。姪姪冤得不得了，从此对艾雪有了看法，也疏远了。直到多年以后，姑嫂俩才重新好起来。

第三十三章

爱，夜与明

　　搬家没多久，婆婆奚连美带着卞晓的妹妹来住了一段时间。本来中午不用回家的艾雪，为了照顾婆婆和妹妹，在时间本来就紧张的情况下，经常一阵风似的赶到家，乒乒乓乓地奏响锅碗瓢勺交响曲，给她们做好饭，又一阵风一样地回单位上班。

　　知道了胡艳存在的奚连美，问了卞晓关于胡艳的一些情况，深思了一会儿。

　　奚连美对卞晓说："我不同意你们离婚。艾雪自从进入这个家，对老人孝顺，对妹妹关爱。你爸爸去世前说，艾雪能在我们家，是我们家修来的福气。艾雪做了错事，但你要原谅她。"卞晓说："你不知道我的痛苦。"

　　艾钢炮问："到底有没有那个男人？"艾雪说："有。"艾钢炮说："要不是看你病了，真应该揍你一顿。"艾雪说："我做错了事，应该受到惩罚。"魏珊对艾雪说："还有做了这种事主动向丈夫承认的？你真是蠢到家了。你看人家胡艳，都被抓住了，还死不承认，这才是正常人。从这一点上，可以看出你和常人不一样，精神不正常。"

艾雪记得，母亲有一次得意地说："艾雪的哥哥见什么人说什么话，真好。"母亲对哥哥这一点很满意。但艾雪好像是天性使然，总爱实话实说，母亲恨恨地说："真是教得曲，唱不得。"

艾钢炮对着卞晓争辩道："艾雪精神不正常，精神不正常的人，做没做错事，谁知道？"

卞晓生气地说："我怎么这么倒霉，摊上一个精神病人。精神病遗传，我都不知道我的儿子会不会遗传她的病。"

那段时间，卞晓觉得卞冬特别像艾雪。"卞冬将来也是个精神病，我和胡艳再生一个好的。"卞晓在家里扬言。

或许是新加的一种药的药物反应，艾雪经常难受得大口喘气。艾雪难受的样子被卞晓看见了，他没有问艾雪哪儿难受，更没问为什么难受，而是怒火中烧地瞪着艾雪，像要把她吃了，又厌烦地想一巴掌把她扇到一边去。

卞晓单位一个同事的妻子下岗了。卞晓对艾雪说："虽然她下岗了，也比你强。你有病，连一般人都不如，我不能跟你过一辈子。"

奚连美身体不大好，在她的要求下，卞晓把她接到城市。放下奚连美，卞晓就不见人影了。艾雪把奚连美安顿住下，当天晚上，奚连美在另一个房间叫艾雪："雪雪，我掉下床了。"乍听这话，艾雪一惊：婆婆掉下床，不会摔坏吧？艾雪赶紧起身，冲到婆婆住的房间，发现婆婆坐在地上，无恙，好像没什么不舒服。艾雪这才想起，婆婆叫自己时声音是和缓的，不急不躁。艾雪把婆婆抱上床去，就回自己房间休息了。过一段时间，奚连美又叫道："雪雪，我又掉到地上了。"艾雪又冲过去，发现婆婆依然无恙，又把婆婆抱到床上。就这样，奚连美一晚上叫了艾雪五次，到天亮时才睡去。艾雪发现，放在婆婆房间的摞在一起的几床干净被子，都被婆婆用来擦了排泄物。或许因为奚连美是医生的缘故，她更相信药物，稍微一便秘，她便马上吃泻药，然后身体就泻，再马上吃补药，这么来回折腾。或许是泻药吃多了，艾雪想。艾雪没有责怪婆婆一句，看了看熟睡的婆婆，伸了伸快要断了的腰，赶着去上班了。

在单位，艾雪说了一下婆婆的情况，有一个年轻女同事气愤地说："这不是故意的吗？"

艾雪并没有气愤，她想，婆婆知道自己脾气好，但不知道到底好到什么程度，或许她在考验自己的耐性呢。

睡醒了的奚连美给正在上班的艾雪打电话说："雪雪，回来吧，我害怕。"

艾雪回到家，给奚连美做饭。吃饭时，奚连美拿着筷子往抹布上捣，饭从嘴里往下漏。艾雪就给她喂饭，得到照顾的奚连美，像小孩儿一样笑了。

要是长期这样下去，自己的工作肯定受影响，怎么办？艾雪思忖着。"有了。"艾雪眼前一亮，何不给婆婆请个保姆，在自己上班时照顾婆婆？

于是艾雪把一个四五十岁的保姆领回了家。

卞晓回家看到了保姆，也没说什么。

奚连美对保姆说："我的儿子很厉害……"

然后奚连美对卞晓说："我要吃无糖巧克力。"烦躁的卞晓大声呵斥道："我上哪儿去给你买无糖巧克力呀？净提些无理要求。"当着保姆的面，奚连美有些尴尬。

奚连美需要大氧气瓶，放在家里方便吸氧，艾雪出了买氧气瓶的钱，卞晓又回到家从他母亲手里把钱要了过来。

奚连美所在的医院给她办了转院手续，她想到卞晓工作的医院去看病。卞晓断定他妈其实没什么病，要有的话，就是爱折腾人的病。于是对奚连美提出的要求置之不理。

卞晓和艾雪去上班了。

奚连美给艾雪打电话说："雪雪，我要看病。"艾雪回答道："好的，妈，我这就请假领您去。"于是艾雪请了假，打车接婆婆去卞晓所在的医院，找到卞晓。周围那么多双眼睛看着，卞晓不好说什么，只好无奈地领着母亲去看病。

得知艾雪身体不大好的奚连美说："雪雪这么好的孩子，真可怜。"

奚连美对艾钢炮和魏珊说："你们怎么不把那个勾搭卞晓的狐狸精赶走？"

艾钢炮和魏珊说："你问问卞晓吧，若他愿意，我们就把那个狐狸精赶走。"卞晓赶紧说："我不愿意。"

艾雪的大姑姐和姐夫觉得艾雪会办事，从卞晓说的情况推断胡艳的目的是骗钱。大姑姐对卞晓说："卞晓，你若找胡艳，就是天字第一号大傻瓜。"卞晓的妹妹不太明事理，但也知道见了艾雪叫一声"嫂子"，和艾雪很亲热。卞晓的妹夫劝卞晓："嫂子是一个多厚道的人啊，很有嫂子样，你和她离婚，会后悔的。再说，哥哥，骨肉至亲，你怎么能不要卞冬呢？"卞晓不以为然地说："儿子不跟我怕什么，我有钱啊。"

奚连美本来想见见胡艳，劝她收手。后来决定不见了。"见了她，我要给这个狐狸精一巴掌。"奚连美对卞晓说。后来，大家决定让艾钢炮和魏珊去见见胡艳，和她谈一谈。于是卞晓给胡艳打电话，把她约了出来。看到胡艳，卞晓说："艾雪的父母想见见你。"一听这话，胡艳陡然一惊，转身向卞晓的单位跑去。到了卞晓的单位，用他单位的电话拨通了卞晓的手机，说："你这是想让我死啊。"卞晓说："你听我解释。"胡艳说："我不听，我不听，对我不利的我就不听……"卞晓脑袋嗡嗡的，他知道完了，胡艳把他们的关系公之于众了。

第三十四章

爱，夜与明

　　五一放假，艾雪有事到卞晓单位去。卞晓在单位值班，正在用单位座机接电话，看到艾雪，他对着电话说："别说了，艾雪来了。"

　　结果电话又打回来了，艾雪接过电话问："喂，你是谁啊？"

　　胡艳很猖狂地说："喂，我是卞晓的女朋友啊，我要他晚上陪我……"

　　艾雪气得说不出话，卞晓赶紧抢着挂了电话。

　　艾雪想，这是胡艳在故意气自己，巴不得自己犯病。虽然生气，但这对经历过大风大浪的艾雪来说不算什么，对她没多大影响。

　　放假了，艾雪带着卞冬去看艾钢炮和魏珊。魏珊问卞冬："你妈妈得了什么病？"卞冬难过地说："我妈妈得了一种令人讨厌的病。"

　　虽然得知妈妈得了一种令人讨厌的病，但卞冬一点也不讨厌妈妈。卞冬看到一则故事，讲一个得了精神病的母亲，还在努力关爱自己的子女……卞冬把这个故事拿给艾雪看，说："妈妈，你看你看，她像你一样。"多年以后，艾雪都没有遗忘儿子那稚嫩的、在那一刻托起了她的声音。

卞冬的班主任对艾雪说："卞冬经常一整天一整天地坐着，一动不动，望着窗外，似乎在听课，又似乎在出神，像有什么事似的，老发呆。"艾雪知道，儿子是为自己和卞晓离婚的事烦恼，小小的脑袋里想着应该怎么办，他这么小的年纪，又能想出什么办法呢……"唉，儿子，可怜的儿子，都是我拖累了他……"艾雪很内疚。

一次，卞晓又冲艾雪发脾气。看到爸爸很凶，想打妈妈，卞冬就偷偷给艾钢炮和魏珊打电话。艾钢炮和魏珊来了后，卞晓已经出去了。艾钢炮和魏珊问卞冬："如果爸爸妈妈离婚了，你怎么办？"卞冬说："他们离婚后，我就只能啃干烧饼了。"艾钢炮说："爸爸妈妈离婚后，你若跟爸爸，胡艳可能不让你见妈妈，你就见不到妈妈了。若跟妈妈，你还能见着爸爸。他们离婚，你跟谁？"卞冬用颤抖地声音说："我跟妈妈。"说完，泪哗哗地流下来。

就在卞冬上小学二年级时，艾钢炮和魏珊从朋友处得知，卞晓单位要分更好的房子，好像是高层。过了几天，这个朋友说，这个高层是福利房，爱人单位已经分了房子的不能分。艾钢炮和魏珊商量，要把艾雪分的房退掉，把自家住的相对老旧的房子也退掉，自己和魏珊再要艾雪退的房子，反正自己和艾雪在同一个区域的单位。一找领导说这件事，领导就同意了。当时，还没有办房产证。艾雪交的四万八千元钱款还押那儿不用动，只不过房主的名字改成了艾钢炮。过了一年才办下房产证，房产证上的名字是艾钢炮。因为是福利房，算下来，只需要再交一万多元。艾钢炮和魏珊把退下来的钱，加上原来老房子退下来的钱，给了艾雪。

艾钢炮和魏珊把自己家的旧家具放在了艾雪哥哥家的地下室，然后两人搬到了早已装修完并且置办好家具家电的艾雪家。只不过艾雪由房主变成了房客。

当艾雪撞破卞晓和胡艳好事的那一刻，她认为自己和卞晓扯平了，自己做错事的内疚感稍微减轻了一点，她甚至稍觉轻松。艾雪曾经也想过离婚，只是艾钢炮和魏珊不同意她离婚。他们对艾雪说："就算卞晓有两个老婆，你也是大的，胡艳是小的。"艾雪的心在滴血，这都什么年代了，况且虽然自己自卑，但却是有骨气的。这样的处境对有傲骨的艾雪是多么大的刺痛与侮辱啊！但艾雪心里承认自己做错事应受到惩罚，这是卞晓对自己的惩罚吗？毕竟自己先违背了道德，道德是内心的法律，就以这种方式来惩罚自己吧。再者，还有未成年的孩子，自己那可怜的也在遭受着痛苦折磨的孩子啊！如果，自己的忍辱负重，能换来他家庭的完整，也值了。

艾雪撞破卞晓和胡艳恋情的时候，胡艳已经被单位辞退了一两个月，只不过胡艳没跟卞晓说。后来，艾雪查到了胡艳的情况：学历低，家在苏北农村，已被单位辞退。艾雪把胡艳的情况告诉了卞晓，卞晓傻了似的睁大眼睛，说："唉！我原来以为她是大学生呢，她告诉我她家在上海附近，我以为是上海郊区呢。"卞晓家里不同意他离婚，卞晓也有点犹豫，只不过胡艳总以去卞晓单位公开他们之间的关系相威胁。一天，下着雨，胡艳打电话对卞晓说："我要见你。"卞晓推辞说："我正忙着……"胡艳说："你必须马上出来，我就在你医院门口，否则后果自负。"卞晓立即动身去找胡艳，发现胡艳就在门口淋着雨，眼一直盯着前方看。这一刻，卞晓心软了，想：胡艳还年轻，才二十二岁，还可以考学。况且在卞晓眼里，胡艳年轻，也还算漂亮。

胡艳提起艾雪，总是说："那个胖女人"。

卞晓对艾雪说："我不喜欢胖子。"

艾雪明白，如果说卞晓曾爱过她，那也只是爱慕她的容颜，而不是她的灵魂。因为他们对问题的看法往往是相左的，艾雪遇到解决不了的麻烦事，卞晓不说出主意，就是连倾听也不愿意倾听的。只要艾雪一说怎么难受，卞晓就大发雷霆，若艾雪被人捅了一刀，跟卞晓说的结果往往是再被卞晓捅上一刀。卞晓对她的爱是肤浅的，艾雪想。

胡艳想去考学，卞晓认为聪明伶俐的胡艳一定能考上，十分支持。此时，卞晓和艾雪、卞冬、艾钢炮、魏珊住在曾分给艾雪的两室两厅的房子里，他们原来分的两室一厅的房子就空了出来，胡艳想住在那里，卞晓就和艾钢炮、魏珊及艾雪商量。

"我是无条件地喜欢胡艳。"卞晓说，然后把让胡艳住在那个小房子里复习考学的想法讲了。

艾钢炮、魏珊同意。

艾雪想：卞晓这么做，就是把他自己置于道德低地了，如果真的离婚，这也会是他的一个把柄……

艾雪也同意了。

得意的胡艳打来电话说："我要让卞晓给我买张床，大床，我们两个在上面睡……"艾雪挂了电话。

第三十五章

爱，夜与明

感到苦闷的艾雪无意中发现一个心理咨询热线，没人倾诉时便拨通了号码。

艾雪问："喂，心理咨询热线吗？"对方说："是的。"艾雪又问："打这个电话要钱吗？"对方回答道："不要钱，我们是义务的。"艾雪便把苦楚一股脑地说出来。艾雪也曾打过别的心理咨询热线，但从来没有像这次一样这么痛快地倾诉过。此后，艾雪经常晚上打这个电话。艾雪的思绪，从虚掩的门里飘出，有时看到炊烟，有时看到尘埃。对方尊重接纳的态度，使艾雪进一步打开心扉，她给对方讲自己的经历，讲自己的想法……

求助者艾雪和心理咨询师任善海，就这样交谈了十年，无关风月，彼此成为对方最信任的人。任善海说："婚姻差一点也不行。知道有些事不能做了吧？"艾雪偏执地说："我知道我应该受到惩罚，但我不后悔，我只能为他做这些。"任善海说："你重感情，但是……"看艾雪如此执拗，任善海没再说下去……知道艾雪的处境后，任善海问："你打算怎么办？"艾雪说："我现在处于人生的低谷，我要自立自强，做一个坚强的女人。"

艾雪周围的人都不这么想，艾雪的母亲、哥哥都劝艾雪："你都这样了，多做点家务，多想想家里就行了，工作方面就别多想了。"

但艾钢炮支持艾雪的想法，他对艾雪说："孩子，你要自立自强啊。"

虽然艾钢炮曾到艾雪单位说艾雪要去医院看病，但看到艾雪表现正常，单位从领导到同事都没把她当病人看。

艾雪每天参加活动，采访，写稿子，发稿子。

此时，单位领导换了一个人，叫吴信。吴信来时，艾雪正在一边默默地工作。

艾雪的发稿量在单位排在第一位，市里要召开宣传工作会议，让艾雪以先进代表的身份作经验介绍。

当艾雪拿着自己写的稿子落落大方地介绍完工作体会与经验后，热烈的掌声响起，艾雪挺直有些丰腴的身体，好看的嘴角微微翘起。后来，艾雪知道，自己给与会人员留下了较深刻的印象，而且是好印象。

此后，艾雪年年有稿件获奖，年年被评为省市宣传系统的先进工作者。

经常有领导或同事开玩笑地对艾雪说："光知道干工作，要不要和大家出去聚一聚？"艾雪推辞说："不了，我家里有孩子，我晚上都在家陪孩子。"

艾雪对家里的事、个人的事只字未提，单位的人都看不出来艾雪正经历着痛苦与折磨。

有风言风语说，有人和领导关系好，得到提拔。有人对艾雪说："艾雪，你虽然胖点，长得也不错，又有才华，就是太老实了。"

艾雪经常想起白枫，谁还能像白枫一样走进自己的心里呢？他已然是艾雪心底沉睡多年的一个梦，重情的艾雪抗拒着外面的花花世界，包括能够给自己带来好处的人抛过来的机会。

一天，艾雪给白枫写了一封长信。

回国后，艾雪从未和白枫联系过，只让人给他捎过一次自己国内的地址。在家庭生活昏天黑地看不到光亮时，艾雪才给白枫写了一封长信，这是他们之间唯一的长信。

办公室里，几个人正围着一个叫龚莲的同事聊得热火朝天。吴信进来了。彼时，吴信的妻子得了重病，吴信在医院衣不解带地照顾了好一段时间，还是没有留住人。妻子与他阴阳两隔之时，吴信落泪了。看见吴信进来，龚莲含笑迎上去，说："领导来了，领导今天的发型很时尚呀。"吴信高兴地说："是吗？"他看电脑上正显示着一些有关食物的照片，问："这是？"龚莲说："这是我自己做的，拍了照，发到网上。我这个人在家就爱干活。外面东西不干净，我都是自己做。""是吗？"吴信睁大眼睛又眯起眼睛，很感兴趣的样子。龚莲说："这是我做的饭，领导尝尝好不好吃。"吴信不好意思吃，龚莲使劲地让，最后吴信只得吃了一小口。

工作出色的艾雪早就引起了吴信的注意，有一段时间，艾雪一个人的稿子，撑起了整个单位的好成绩。只是艾雪总是淡淡的，吴信也不好和她多说什么。

第三十六章

爱，夜与明

艾雪上网时，忽然发现了白枫原来负责的一个协会的网站，点进去后，此网站的一篇文章《用一生的时间去感悟》跳了出来……

当快乐之门关上时，另一道门就会打开，但很多时候我们只盯着已关的门，没有看到已为我们打开的那道门。不要期望爱人的回报，只管让爱在他的心中成长。

不要只看外表，因为它会欺骗你；不要只看财富，因为它会缩水。遇上一个人，只用一分钟的时间；喜欢上一个人，只用说一句话的时间；爱上一个人，只用一天的时间；但要忘记一个人，却要用上一生的时间。

追寻你的梦想，去你想去的地方，做一个你想做的人。因为你只有一个人生及一次机会去做这些事。愿你有足够的甜蜜令你幸福，足够的尝试令你坚强，足够的希望令你快乐。最快乐的人不一定拥有最好的东西，他们只是会把握和珍惜他们得到的所有东西。那些会哭、会笑的人是快乐的，因为他们珍惜那些曾经在生命中出现的人和事。爱由一个微笑开始，经过拥吻而成长，以一滴泪而结束。最美好的将来往往源于已被遗忘的过去。

也许，我们都太懒，懒得努力，懒得有一点作为；也许，我们花了太多的心力去追逐带不走的财富、名声以及爱情……

艾雪读后失声痛哭。

一个月后，这个网站找不到了。

从别人的谈话里，艾雪隐隐地知道白枫在她所在的区域招商引资，虽然没见到白枫的面，但艾雪觉得白枫在暗暗关心着她。

艾雪读到一个小故事：春秋时期，晋献公的儿子重耳流浪到齐国，齐桓公接纳重耳，并把同族的少女齐姜嫁给他。一天晚上，齐姜听到重耳宁愿留在齐国，也不愿回国后，请重耳喝酒，重耳喝醉后，糊里糊涂地睡着了。公主趁这个机会让士兵和大臣们送他出齐国。

艾雪原来不明白，公主和重耳感情这么好，怎么舍得送他走？现在艾雪想通了，是因为公主知道重耳只有回到晋国才能一展抱负，做最好的自己，公主是从所爱之人的角度去想问题，为爱成全对方，为爱牺牲自己。

这段时间，艾雪经常播放王菲演唱的歌曲《传奇》。

当听到"宁愿用这一生等你发现／我一直在你身旁，从未走远"时，艾雪猛然想到白枫对自己的爱，或许就是这样。受到触动的艾雪，再也控制不住自己，在众人面前，泪像决堤的河水一般流淌，这泪水混合着一万种苦楚，又夹杂着一万种幸福，苦中有甜。

艾雪再读《用一生的时间去感悟》时，发现这是白枫以这种特别的方式给自己回的信。艾雪认识到白枫是从她的角度，即怎样对她最好的角度考虑问题，艾雪领会了。

艾钢炮说："傻孩子。真是个傻孩子，唉！我怎么生了这么一个傻瓜。"

魏珊说："艾雪遇到了坏人，法国那个男人就是坏人。"

魏珊想用自己的观念影响艾雪，但艾雪这回怎么也转不过弯来，她知道白枫的爱与善良……

一天，一个同事神秘地告诉艾雪："你知道吗？吴信和龚莲结婚了。虽是二婚，随礼的可不少。""哦。"艾雪答，然后继续低头忙工作。

一年后，吴信调离，龚莲升任艾雪的领导。艾雪未获得提拔。

艾雪去了一趟宣传部门。听说艾雪想去电台或电视台兼职，听过艾雪作为先进代表发言的宣传部门领导，并没有见艾雪，但让下属给电视台和电台分别写了一封推荐信。电台台长把艾雪安排到了文艺部，文艺部主任戴着厚厚的眼镜，像一个大知识分子，艾雪和文艺部主任聊了一会儿国际、国内形势和诗歌，做了一个策划。艾雪后来听母亲说，文艺部主任往家里打电话说想留下她。不过艾雪知道自己只是去尝试一下不一样的工作而已，还是决定留在原单位。

第三十七章

爱，夜与明

卞晓过着家外有家的生活，回艾雪这儿只是为了遮掩，大部分时间都在胡艳那儿。有人知道艾雪的丈夫在大医院工作，有看病的事想找艾雪帮忙，艾雪找到卞晓说这件事，卞晓听后一副不耐烦的样子，说："以后少给我添这样的麻烦。"转而，卞晓又说："若是个年轻漂亮的姑娘找我，我就给办。"

卞晓的肆无忌惮像一把把飞刀嗖嗖地飞向艾雪，直插在艾雪身上。体会到满满的苦涩与痛苦的艾雪想：真的是心在什么都在，心不在什么都不在了。自己是否该抽身了？前路漫漫，不知自己将去向何方，只是到了该离婚的时候了。

艾钢炮和魏珊反对艾雪离婚，说："艾雪，你为了卞晓分房子，把自己分的房子退了，现在卞晓的房子还没盖起来。你在最漂亮的年纪嫁给卞晓，给他生了一个健康聪明的孩子，不能太便宜卞晓了。再说卞冬还小啊。"

一说起卞冬，戳到了艾雪内心里最柔软的部分。母亲应当为了孩子忍辱负重，那就再熬几年吧。

卞晓听信胡艳的话，认定艾雪结婚前根本找不到好的，找到他艾雪真的烧高香了，现在艾雪更没人要了。看着眼前这个曾说"你再也找不到像我这样对你好的人了"的人，艾雪觉得生活像被蒙了一层厚厚的尘土。

艾雪鼓励自己振作起来，报考了党校的研究生。卞晓说："艾雪，你要是考上，我倒着走。"然后亲自辅导想考大学的胡艳学英语。卞晓觉得聪明伶俐的胡艳一定能考上。然而考试结果出来，胡艳英语只考了二三十分，别的课程分数也不高，离录取线差很远。而正常上班的艾雪考的分数不仅远远超过录取分数线，而且还以全省第二名的成绩被录取。这样的结果显然出乎卞晓的意料，他瞠目结舌，卞冬说："爸爸，你不是说，妈妈要是考上了，你倒着走吗？"卞晓有些尴尬。

艾雪开始拜访原来的老师朋友，想从他们那儿汲取有益的养分。

黎明的光来临之前，总会有痛楚。

艾雪有了交往的人，两人互相尊重一直没有越轨的行为。交往情况艾雪一直没有瞒着父母，父母教艾雪："你可以跟他说，等你离婚后，就和他在一起。"

艾雪犹豫了一下，照着说了。结果，之前一直很守礼的交往对象突然开始对艾雪动手动脚。

懊恼的艾雪告诉了艾钢炮和魏珊。

父母教的那句话，艾雪并不认可，这样的后果，让艾雪内心的苦涩汩汩流出。

艾雪流着血的伤口又被撕得更大了一些，艾雪看不到阳光，她只看到一个黑洞张着大口要把她吞噬。

艾钢炮说："艾雪，这个人对你挺好的，或许他是用这种方法追求你。"

艾雪又试着和那个人交往，但不舒服的感觉总是不请自来。虽然那个人也做了一些事试图对艾雪好，但这点微茫的星光，不足以照亮由于观念不同给艾雪带来的不适。艾雪摸索到的是黑夜，这黑夜里一缕缕寒风侵入艾雪的胸膛。

为了逼艾雪离婚，卞晓完全不回家了，还一个劲地催艾雪找交往对象，像是扔烫手山芋一样想把艾雪赶紧扔出去。

艾钢炮和魏珊劝艾雪："艾雪，就是和卞晓离婚后，我们看你也不用找了，就带着孩子过吧。"

潮起潮落的生活让艾雪的心沉到了海底，艾雪想出来呼口气。难道得听父母的？虽然从心底里觉得这并不是自己真正想要的生活，但父母的话像魔咒，艾雪再次沉默了。

艾雪陆续接受了几个追求她的人。

但艾雪一点也不高兴，她不知道应该怎样理解他们之间的关系，她甚至觉得自己恶心。

艾雪对艾钢炮说："回国十一年，卞晓和胡艳好了九年。我忍受了九年卞晓对我的折磨，这是我做错事应受的惩罚。我想九年差不多了吧。我要离婚。"

看到卞晓的房子已盖好快分下来了，卞冬也长大了不少，又想到自己挑选的女婿对女儿的折磨，艾钢炮同意了艾雪离婚。

此时，艾雪的婆婆再也不会反对他们离婚了，因为她已于几年前故去了。

奚连美在艾雪家住的那段时间，还对艾雪说："艾雪，我也就给你伺候月子，卞晓要再找一个，甭想让我给伺候月子。"不过，奚连美终究还是挂着小女儿一家，又回了卞晓的老家，和小女儿一家三口住在一起。卞晓和艾雪每个月拿些钱贴补妹妹一家。卞晓的姐姐一家为了争房产和妹妹一家闹了起来，奚连美觉得卞晓的妹妹可怜，所以就对卞晓的姐姐有看法。有一次，卞晓的姐姐来信，说母亲住院了，于是卞晓和艾雪请假去看。奚连美因为糖尿病并发症住进了医院，看到卞晓没有接婆婆来当地大医院医治的意思，艾雪想和伺候公公一样，再请假照顾婆婆，结果，一两天后就得知了婆婆去世的消息。妹夫说一直是卞晓的姐姐在照顾，结果，人还是没留住，就这样舍下众人去了。

不久，艾雪对卞晓说："你既然无条件地喜欢胡艳，我成全你。你不是想离婚吗？我们离婚。"卞晓默然。

两人一同来到民政局。办完离婚证，艾雪要走，卞晓执意要开车送艾雪，拗不过他，艾雪只好由他。此后，两人走上了各自的路。

第三十八章

爱，夜与明

卞晓和艾雪商量："为了孩子，咱们离婚的事能不能保密？"艾雪说："行，孩子给我了，但你是孩子的父亲，这种血缘不因我们离婚而割断，你常来看孩子，给孩子父爱，把离婚的影响降到最小。我们离婚的事就暂时保密。"艾雪的父母也要求艾雪对离婚的事保密。"反正你也不再找了。"他们说。

过了一段时间，艾雪问卞晓："你和胡艳结婚了吗？"卞晓答："没有。"艾雪问："为什么？"卞晓答："唉，一言难尽，我原来以为她爱我，我和你离婚后去找她，但她做的一些事，让我发现她爱的是我的钱，她觉得谁都能背叛她，唯独钱不会，把一分钱看得比井盖子还大。在她眼里，钱比感情重要，她要我离婚分的房、车、钱，我都给她了。她不是认钱吗？抱着钱过去吧。之前她已经拆散过一个家庭了。"

由于保密，卞晓和艾雪离婚的事，艾雪单位的人都不知道。看艾雪波澜不惊的样子，也没人想到艾雪经历了离婚这种事。

不过单位却传来了另一对夫妻离婚的消息：吴信和龚莲离婚了。

原来两个家庭结合时，他们各自带着一个孩子，龚莲只舍得给自己的孩子花钱，对吴信的孩子却很吝啬。吴信的孩子感觉不到家庭的温暖，坚决让吴信和龚莲离婚。再加上龚莲对物质无休止地追求，吃穿用度都要上档次，吴信也吃不消。虽然龚莲找了一些同事去劝和，无奈吴信铁了心要和龚莲离婚，碰了钉子的同事只好回来对龚莲说："我也没办法了。"他们就离婚了。

不久，艾雪参加单位欢迎新领导郑然的会议。

大家鼓掌欢迎后，郑然讲话："……工作上要求真求实求深，要脚踏实地搞好调研，掌握真实情况；要突出重点，可以就几个重点抓几年下去，直到抓出成效；要给有工作积极性的同志创造好的环境，奖罚分明……"

散会后，艾雪从郑然旁边走过，郑然笑了，说："我读过你发表在晚报上的诗。好好工作，我看你写的诗也可以往我们的报纸上投稿。"

艾雪高兴地说："好。"

回到家，艾雪打心理咨询热线。"你好！我离婚了。"艾雪说。任善海问："多长时间了？"艾雪说："有一段时间了。"任善海说："想成家了？"

这句话，一下点醒了艾雪。她才三十多岁，却要因为被安排的婚姻经历这些悲怆与伤痕。为什么自己不能走出来，像一个普通人一样追求幸福呢，每个人不是都有这样的权利吗？

第三十九章

爱，夜与明

艾雪想起了侯三元，他现在在别的地方任职。直觉告诉艾雪，侯三元对她有好感。有一次，艾雪和侯三元乘同一辆电梯，旁边一个女士去牵侯三元的手，侯三元甩开她站到了艾雪旁边。还有一次，艾雪自顾自地走着，突然发现侯三元和自己并排一起走，艾雪笑了，看到艾雪笑，侯三元也笑了。

艾雪回国后，刚开始变胖时，又和侯三元一同坐电梯，旁边一个不算胖的中年女士嘴里念叨着："我太胖了，我要减肥。"艾雪联想到自己，不好意思地低下头。侯三元说："胖点怕什么，还这么年轻。"侯三元的话像给艾雪打了一剂强心剂，从此，艾雪便不再在意自己的身材。

但身材的变化让艾雪发现卞晓只是爱自己原来美丽的容貌。艾雪舍不得给自己花钱，却舍得给卞晓花钱，卞晓觉得理所应当。当艾雪说起时，卞晓会说："谁让你这样了？这是你自己愿意的。"但当多年没买衣服的艾雪用单位发的奖金买了一件大衣时，卞晓立刻提出抗议："你有衣服，怎么还买大衣？""我是用我的奖金买的。""你看我用自己的奖金给自己买衣服了吗？"确实，卞晓喜欢在别的地方花钱，给胡艳买衣服、化妆品、项链，请胡艳吃饭等，但就是不喜欢给他自己买新衣服穿，曾被评为医院第二大不修边幅之人。艾雪曾试过给他买好衣服，但卞晓总是因此训斥艾雪，嫌衣服穿在身上太板正，他是怎么舒服怎么来。其实艾雪心底里是爱美的，只不过被现实压制了……艾雪有时反驳卞晓说："我是女的……""现在不是提倡男女平等吗？"卞晓说。听到卞晓的说辞，艾雪又好气又好笑，懒得再和他啰唆。

有一次艾雪去会议室找人，侯三元看到艾雪，竟不自主地整理了一下头发……想起这些小细节，艾雪想：和卞晓认识前，办公室的同事介绍的那个看中自己的人会不会就是侯三元呢？艾雪又想起几年前单位的纷争，自己卷入其中。当时，侯三元提到了母亲魏珊。艾雪上初中时，一直和一个男生是同桌，两人关系非常融洽，从没有红脸争吵过，甚至没有画过当时流行的"三八线"。男生的父亲是省级单位的，母亲是中学老师，父母都是大学毕业，男生学习非常好。初三时，男生办起了手写小报，他的幽默常常引得艾雪忍俊不禁。只不过，令艾雪匪夷所思的是，一向温和的男生某天突然欺负起自己来。后来，艾雪回忆起年少的这段时光，写道：

忆少年

苦寒里有一丝温暖

轻轻地飘

再点缀些雪

纯美的花瓣

羞红的脸

只是
冰雹砸碎了
暖的光晕

在厚厚的夜色里
重回夜色吗

弱小的女子
从一身累积的伤里
挤出身体

冰丝
是千滴泪凝成

却保留了
玉骨一样的尊严

时光已老去
不老的
是少年的时光
……

　　受到欺负的艾雪，找到了班主任，然后两个人的座位被调开了。
后来艾雪从其他同学口中知道，对自己很有好感的那个男生，快毕业
时，想对自己表达好感，便去了自己家一趟，自己不在家，母亲在家……
回来后，那个男生高兴地说，他知道了艾雪的心理。于是实施了一系

列欺负艾雪的行动。

艾雪隐隐觉得几年前单位发生的纷争与侯三元有关。因为那个处处找艾雪毛病、欺负艾雪的中年女领导是侯三元信任的人。当纷争平息时，艾雪听到单位有人说："世上没有无缘无故的爱，也没有无缘无故的恨。"当时受到处理的中年女领导直喊冤。直到多年以后，艾雪才琢磨出，侯三元可能以为他用欺负自己的方法，就可以得到自己。

那时候，被欺负的艾雪、倔强劲儿上来的艾雪，默默地用自己的方式抗争着，即使撞了南墙也不回头，只是愈这样，愈受到打压：第一次单位考核，艾雪考得很好，却被告知名落孙山……

这些年来，侯三元似乎对艾雪不错。当地开一年一度的城市大会时，艾雪被分配到会场服务。艾雪在会场又见到了刚刚担任重要职务的侯三元，春风得意的侯三元见到艾雪有点激动，不过和艾雪握手时控制住了自己的激动之情，只礼节性地握了握艾雪的手……开大会期间，侯三元还特地请艾雪的领导和艾雪等工作人员吃了一顿饭。

第四十章

爱，夜与明

正如艾雪在一首诗里所写：

人如鱼
装在透明的杯子里
被世间看

人如鱼
透过透明的玻璃
笑看人间

是啊，每个人都被人看，又努力笑看人间，艾雪也不例外。离婚后，艾雪被任善海点拨，想寻求幸福，把那一轮明月、千里清光寄托在了侯三元身上。艾雪又开始写诗了，在诗里诉说着思念：

我要修一条弯曲的栈道

通向你的山谷

小溪　河流

还有我的呢喃

一起随风漂向你

不远处的田野里种着我的梦

与你有关

　　艾雪终于决定要放下过去，她站在水边，在暮色中获得短暂的平静。她看着草地长出新绿，心中燃起对生活的希翼。灯光柔和地照着艾雪的轮廓，艾雪想，能有一个人思念真好。

能有一个人思念真好

心

再不会在空中飘来飘去

没有停泊的岸

能有一个人思念真好

这样

在熙熙攘攘的人群中

就不会孤单

能有一个人思念真好

万家灯火

为你点上

最亮的一盏

别说万家灯火中最亮的一盏了，即使是其中最普通的一盏，艾雪也没点上。听了艾雪的想法，艾钢炮着急地说："艾雪，侯三元有对象，你插足别人的家庭，我可得管管你。"

其实，艾雪和侯三元接触很少，只是凭感觉觉得侯三元对自己有好感。但是父亲的话让她吃了一惊。难道侯三元有爱人？若是那样，自己万万不可以去爱这个人的，可是到底有没有，实在是个谜。找谁去问呢？问单位的人，一旦传出去，影响不好。对了，可以问问自己中师的老师。于是艾雪和几个同学一起请老师吃饭，很幸运，艾雪坐在老师旁边。逮住一个机会，艾雪问老师："侯三元离婚了吗？"一头雾水的老师回答："没听说。"

艾雪的心陡然凉了下来，回家后，她在纸上写下《游子》一诗。

微尘

在空中飘

游子

离家总是那么遥远

大漠 落日 余晖

如一缕孤烟

寻寻觅觅

秋也相思

辗转反侧

难道只是一场相思雨

珍珠断了线

洒落池塘

溅起一片片涟漪

月上柳梢

黄昏却是孤寂的

游子

总在路上

艾雪决定从对侯三元的情感中抽身，她依旧和任善海无话不谈。艾雪需要一种药，任善海立即打电话帮忙联系。艾雪听到任善海称自己为他最好的朋友时，艾雪的心猛地被触动了一下……

听艾雪说侯三元请她吃过一顿饭后，任善海说："我也要请你吃饭。"

离婚后的艾雪还是老样子，不爱出去应酬，特别是单独跟人出去，有人费尽心机去请艾雪，碰壁了，也就鲜有人请了。不过，艾雪会和卞晓、卞冬一起吃饭，离婚后，卞晓每周都请艾雪和卞冬在饭店吃一次饭。

这次请吃饭，任善海自己并没有出面，而是请人代替他请艾雪、卞晓和卞冬到当地一家较好的饭店吃饭，饭店拿出了珍藏多年的好酒，没怎么喝过酒的艾雪也品出了饭店红酒的香。正好快过春节了，饭后，服务员又给艾雪拿来了金华火腿，艾雪感受到了任善海的诚意和对自己的重视。

过了一段时间，卞晓来到艾雪家，对艾雪说："我们复婚吧。"

艾雪说："我出去一下。"

此时艾雪已对任善海产生好感，艾雪给任善海打电话说："前夫提出要复婚。"任善海沉默了一会儿，说："复婚也有复婚的好处，一个是你们彼此熟悉，一个是对孩子好。复吧。"

艾雪回家不情愿地对卞晓说："要不我们出去走走？"

卞晓说："咱俩复婚后，不行的话，还可以再离婚。"

艾雪说："那咱俩还有复婚的必要吗？我不会和你复婚的。"

艾雪又出去给任善海打电话："我拒绝他复婚的要求了。我们的婚姻本来就是包办婚姻。"任善海仿佛松了一口气。虽然任善海劝和，但艾雪认为任善海对自己也有好感，他心里期待的是另一种结果。艾雪偷偷笑了。

艾雪对卞晓说："我希望你找到你的幸福，我们确实不合适。但我们毕竟有孩子，离婚后我们关系也不错，做不成夫妻可以做亲人。"

第四十一章

爱，夜与明

这天上班，龚莲把材料递给艾雪，说："摊上能力强的下属，领导就是省劲。"艾雪说："工作都是在您的领导下干的。"

龚莲说："唉，这年龄大了，就想住个新房。买房子钱不够，找你借点啊？"

艾雪想，自己离婚的事龚莲不知道，可能龚莲以为她有钱呢。其实离婚后的自己，日子过得捉襟见肘。

艾雪说："卞晓说，攒了钱要给儿子买房子，他挣的钱他做主。真不好意思。"

龚莲的脸色很不好看。

晚上，艾雪接到龚莲的电话。她说，艾雪的直接领导出车祸在家休养，办公室只有艾雪一个人担着任务，只要借钱给她，她就考虑提拔艾雪。

但是艾雪没钱，也不能造出钱来给龚莲啊。

过了一段时间，艾雪到办公室，发现领导上班了。原来他接到龚莲的电话，说单位正在换届，这种时候请假不合适，至于工作，不用他操心，艾雪全都能干了。领导告诉艾雪，龚莲也向他借钱了，他答应借给她了。

办公室的工作基本上都是艾雪在做。多做工作，对勤奋的艾雪来说倒没什么，只是艾雪两次拿着写的调查报告请龚莲修改，龚莲都说："不用改，写得很好，逻辑性也强。"但当众人在会议室讨论调查报告时，龚莲气哼哼地说："这个调查报告写的什么？连意思都表达不清楚。"

在卫生间时，龚莲对艾雪说："事情没有是非对错之分，什么时候把你的个性磨没了，就好了。"

艾雪认真修改材料，对龚莲说："我正好借机把材料写得更好些。"

艾雪组织向贫困小学捐书的活动。她给单位领导郑然看活动方案，看后，郑然满意地说："这挺有意义。"

艾雪给龚莲看方案，龚莲说："你其实就是为了自己占用公共资源。""我占用什么公共资源了？""时间啊。公家的时间啊。"艾雪愕然。

一个同事告诉艾雪，龚莲说她的房间打扫得很潦草，这是欺负她。"啊？"艾雪说，"我早上时间紧，还得锻炼，给她打扫的房间是有不尽人意之处，可我不是想欺负她呀。"

龚莲找艾雪谈心，说："艾雪啊，你别想得到提拔啦，我向郑主任推荐你，郑主任不同意提你啊。"

艾雪说："我认真工作不是为了得到提拔，当然得到提拔是对个人工作的最大肯定。不提拔，我也会一如既往地干。但是背地里给别人捅刀子，捅了刀子还以为别人看不出来，把别人当傻瓜，这就不对了。"

龚莲连连说："不会这样的，不会这样的。"

艾雪给任善海打电话，诉说单位上遇到的烦心事。任善海说："你应该向你的顶头上司反映一下情况。"

后来，艾雪打电话对任善海说："听到我反映的情况后，顶头上司有点意外，他说找人调查此事。""哦。"任善海挺高兴。艾雪说："一次视察时，当着全车人的面，顶头上司给她敲警钟。不过龚莲好像有点不以为然，还很生气。"

不仅如此，龚莲又一次次向艾雪的直接领导借钱，至于还钱这事，龚莲觉得能摆平。

艾雪给任善海打电话说："有一次去视察，龚莲看到一处好房子，想买，知道她情况的郑主任说不能买，龚莲还明知故问原因呢。"

龚莲离过两次婚，也是可怜之人，一把手郑然想了很多办法教育她，甚至请出了其他领导，想点醒她。

在一次会议上，艾雪发言说："我觉得，单位廉政建设要抓得紧，尤其是软教育。但对屡教不改，觉得自己不会受处罚的，应适时采取硬措施。处罚时应注意宽严相济，对真心悔改的要'宽'，对真正改正错误的要热情对待；对拒不改正，采取其他歪点子想逃避处罚的要'严'。这是我的一点粗浅建议，不对之处，还请各位领导同事批评指正。"

散会后，龚莲找郑然承认错误。

艾雪替龚莲高兴。

不久，艾雪得到了提拔。

第四十二章

二〇〇八年，举世震惊的大地震发生后，一批干部去往四川协助北川重建。二〇一〇年，艾雪被派去慰问援川干部。

在北川街道，艾雪和援川干部握手，说："领导好！听说这里时不时还有余震，和原单位条件比真是艰苦啊！"

援川干部说："比起援藏干部，我们条件好多了。"艾雪听了，面露崇敬之色。第一眼看到这个援川干部，艾雪就觉得他特别顺眼，虽然他个子不算很高，有些清瘦，但艾雪觉得他好像有无穷的力量，浑身都是精气神。

艾雪与援川干部边走边谈。看着四周的建筑，艾雪问道："这些新建的建筑怎么看着不像现代建筑呢？"

援川干部答："是的，这些建筑很有羌族特色。"又介绍说："北川有一千多年历史，是中国唯一的羌族自治县。灾后重建，不仅仅涉及盖路修房，还要注意保护羌族文化。"

艾雪问："地震后人们心灵的家会不会塌陷？"

任善海答："那就需要我们的关爱来温暖他们的心灵。"

在援川干部宿舍，艾雪看到玻璃板下压着一首诗：

国遇难风乍起

冷月羌山

山花落　羌笛咽

不见绿水欢颜

振臂呼　万人聚

秦岭横跨

腾峡义口弦和

胜却辞赋万千

上下五千年

壮丽无边

今朝北川化天劫

长虹贯人间

纵横三千里

大爱无言

九曲长河可看见

梦回剑门关

艾雪问："您写的？"任善海答："是的。"

桌子上放着翻开的笔记本，艾雪念道："能有机会报效国家，救民于水火，这是一个男人一生的荣耀。""援川是我生命的华章，我渴望我的生命在这种状态下燃烧，壮丽而辉煌，不是为自己，而是为别人。"

在返程的大巴车上，艾雪靠着车窗坐着。窗外雨斜斜地下，她望着路两边，想起援川干部的话：很多人平日接触少、距离远，而此时此刻却因为共同的目标相聚在这里。几名队友外出吃饭，得知他们是援川人员，不仅不要钱，还排队敬酒，有的川妹子在敬酒时落泪。是什么使原本陌生的人们变得如此亲热？是爱！它让很多人猛然醒悟，原来人与人之间可以如此真诚，社会可以如此纯洁，世界可以如此温暖！

车载电视报道玉树发生地震。

艾雪拿出纸笔写道：

玉树又遭遇地震
我多难的中国啊

手与手相牵
心与心相连
汇聚成
中国人的力量

问苍天
你清清的思绪愿意重新栖息吗

苍天无语
我相信　是的
因为我看到
苍天脸上悄然滑落的泪
湿了一片片土地

艾雪略一思索，工整地写下题目：《感动》。

第四十三章

爱，夜与明

又过了数月，艾雪边走边给任善海打电话："我出了本诗集，送你一本，给你放哪儿？"任善海答："放我办公室吧。"艾雪问："你办公室在哪儿？我现在正好有空，给你送去。"

到了任善海的办公室，艾雪屏气整了整衣服，然后轻轻敲门，听到"请进"的声音后，艾雪推开门。一间不大的办公室，里面有一张办公桌，一张椅子，后面是书架，一个人正在低头写着什么。

艾雪说："我是艾雪，我来找……"

那人抬起头，两人同时惊呼："是你。"这人就是艾雪在北川遇到的援川干部。艾雪与他交谈后得知，原来他就是任善海。

任善海说："快坐。我给你倒水。"艾雪笑着说："谢谢。"

艾雪和任善海对坐着，艾雪说："好几次了，我都觉得你的指点很高明，你真神。"

任善海笑着说："那当然了。"

艾雪送给任善海一本诗集，任善海翻到一首诗：

你，默默的

一片树叶飘过

你都会在忙的间隙停下

轻轻驻足

连对方的影子

都会收藏在你的瞳仁里

你带来的

不是一个小幽默

而是雨后明亮的痛快

在心的河流中

默默地

挥发

化于无形

又无处不在

任善海说："给谁写的？"艾雪看了任善海一眼，不好意思地笑着垂下眼帘，任善海高兴地笑了。艾雪说："我们谈心十年，每次和你说话，我都很舒服。"任善海深有同感地点点头。

艾雪坐在办公桌对面，感慨地说："你给我垫了将近一年的进口药的药钱了，我都不知说什么好。"任善海说："我知道你离婚后经济困难，再说你特殊一些。"艾雪说："我看报道说，你经常到深山访贫问苦，免费送药。对有困难的人，你是能帮就帮。"任善海："说实在话，老百姓不容易。我们不就是为人民服务的吗？"艾雪听得很入神。

艾雪和任善海上次见面后，就确认了恋爱关系。两人一天打两次电话，非常甜蜜。一次，艾雪用手机给任善海打电话说："喂，想你了，真想见你。"任善海说："我也想见你，但是说好今天回老家，看我的老母亲。"艾雪说："你先去看老母亲，我们来日方长。"任善海感慨地说："你真是有文才，还有品德。"听到心上人的夸奖，艾雪不好意思地笑了。

在任善海办公室，艾雪要起身倒水，任善海站起来说："我给你倒，小心别把手烫坏了。"艾雪看着饮水机里不多的水，说："我都快把你的水喝完了。"任善海说："就是我自己花钱买水，也要让你喝。"艾雪幸福地抿着嘴，眼睛笑成了月牙。

艾雪和任善海热恋了将近一年的时间，才发生了亲密关系，任善海说："这是爱的结果。"那一天，艾雪突然觉得和任善海在一起的房间那么亮堂，整个世界都变得那么敞亮，像完成了一个神圣的仪式，心里非常踏实。

几个月后，艾雪问任善海："刚从西藏回来呀？"任善海答："对。"

"亲爱的，我想……"艾雪脸有点红。任善海笑着说："你想说什么？"

艾雪对任善海说："这几年，我发现每每遇到事情，你总是从我的角度去考虑，哪怕有时委屈自己。我觉得你心胸宽广，本性善良，品德高尚。在我眼里，你是那么令人崇拜，无论你在高处抑或低处，我都是那个永远爱你的人。"任善海说："我的时间不属于我自己，如果我们结婚，我不能照顾你……"艾雪说："我还想照顾你呢。"任善海说："可是我不能照顾你，我心里过意不去。"

思忖良久，任善海对艾雪说："我们分手吧，等退休后我们再走到一起。目前，我们要好好工作。"

艾雪从办公室出来，泪流满面。思考一天后，写诗一首：

爱是默默付出

你没有把一个
心甘情愿爱你的女子
当作自己的一幅画
收藏

你用看似冰冷的方式
将灼热的心深藏
独自品尝
有可能被误解的忧伤

深沉的爱
会让寂寞时光
成功拉开窗帘　照进阳光
爱必须经过考验的序章

任善海看到这首诗后，对艾雪说："你理解得很对。"任善海让艾雪振作起来，尽管他自己也难过得昏天黑地，心痛得几乎不能呼吸。

艾雪说："其实我觉得有法律保护的'心婚'，心灵的心，才是真正的婚姻，而不在于婚礼的形式，甚至不生活在一起都行，只要心在一起，彼此用忠贞守望。"

艾雪继续说："我在《知音》上看到一个两弹元勋的妻子的故事。丈夫因为工作原因突然离家走了，妻子不知道丈夫干什么去了，周围有人说闲话猜测这个丈夫变心。她默默守了二十多年，忠贞不渝，最后等回了丈夫。我读后被感动得流泪。我们比他们还强呢，我们一个月能见一两次面。"

"我知道我原来错哪儿了，爱一个人就会自觉自愿地为他守着，不能以爱的名义，无视道德。婚姻的道德是彼此忠诚，这是一种承诺。两个人可以因性格不合离婚，婚内出轨就是错误的了，背弃了诚信。"说着艾雪又流下了眼泪。

任善海说："认识到自己病在哪儿，病就快好了。"

艾雪释然。

第四十四章

爱，夜与明

　　其实，艾雪的感觉还是挺对的，侯三元是单身，他想和艾雪结婚，而且他从艾雪一进单位就喜欢她，但找人介绍时，遭到了艾雪的拒绝。后来，他还去找过艾雪的母亲，没想到，说二十五岁才考虑结婚的艾雪，早早地就结婚了。他是爱艾雪的，总会不自觉地流露出对艾雪的关心，以他的身份地位，想找对象很容易，但他一直等着艾雪。即使艾雪胖了，他也一如既往地爱她。艾雪给侯三元写的诗，他都仔仔细细、一遍一遍地读，在他眼里，他所爱的人的每一句话，都是那么滚烫。只是，他那么爱艾雪，艾雪只是隐隐地有感觉，却不知真相。等到知道侯三元爱了自己将近二十年时，艾雪感动得泪流满面。但是，一切都迟了，她已和任善海结婚了。

　　读艾雪的诗读得不能自拔的侯三元，怎么也想不通，艾雪怎么和任善海好了。他不甘心，他找到任善海，一副要和任善海一比高低的架势，甚至想教训一下任善海，任善海沉着应对，结果，侯三元铩羽而归。

　　不认输的侯三元以兄长的名义要加艾雪的微信。敏感的艾雪猜出

120

这回侯三元是想直接向自己"进攻"。但艾雪这时已有爱人。艾雪把这件事连同自己的猜想都告诉了任善海，任善海让艾雪加上微信，艾雪明白，任善海信任自己，也对他们的感情充满信心。

侯三元多么希望艾雪能爱上他啊，多么希望艾雪能够和他一起为爱疯狂啊，但艾雪告诉他，自己已有爱人了……

拉锯战进行了很长时间，终于有一天，侯三元不再给艾雪发微信了。

过了几天，卞晓声色俱厉地说："艾雪，你最近做什么了吗？"艾雪吃惊地说："没有啊，怎么了？"卞晓说："昨天晚上我收到一个短信，上面写着，'你看你的那位，都在外面做了什么？'后面还有一个链接，点链接打不开，拨过电话去，对方关机了。第二天早上，那个号又给我发过一个短信来，说是发错了，他手机中病毒了。"艾雪说："我以前做的都说过了，现在，我们已经离婚了，我不是你的妻子了。"艾雪给任善海打电话说这件事，任善海说："这不是害人家吗？混蛋。"任善海的信任让艾雪感觉很温暖。艾雪对卞晓说："你报警吧。"卞晓说："我已经删了。"艾雪说："虽然咱们一起生活了这么长时间，但是你并不真正了解我。"

艾雪给任善海发去短信：感谢上苍让我遇到你。

别人怀疑艾雪时，任善海给予艾雪充分的信任。虽然艾雪有种种经历，但任善海坚信艾雪是一个忠诚、专一、纯洁的人。遇到任善海，艾雪才真正体会到人的尊严，才真正活得像个人。艾雪常常感恩生活把任善海送到她面前，感谢上苍对自己的眷顾！

艾雪猜想那个短信可能与侯三元有关。二十年单方面的感情付出，让侯三元失去了理智。那时的侯三元心情差到了极点……待侯三元心情平复后，在任善海的默许下，侯三元和艾雪成了没有血缘的兄妹。

夜晚借走了梦话，才将这场雨说完，许多年后，雨停了，潮湿的日子里，他们依靠亲情一同走过生活的沟沟坎坎。

第四十五章

爱，夜与明

　　一天，艾雪在龚莲办公室里拖地时，龚莲发现艾雪穿着运动鞋，对艾雪说："你前一段时间不是买了一双凉鞋吗？"艾雪说："那双凉鞋穿了几天就坏了。"龚莲指着自己买的几双凉鞋说："我买的质量都挺好，那个白色的才八十块钱。"艾雪说："哦，您真会买东西。"

　　第二天，艾雪正在办公室忙着，龚莲推门进来说："艾雪你穿多大的鞋？"艾雪说："三十七号的。"龚莲指着自己穿的一双凉鞋，说："这双鞋我穿着不舒服，不想穿了，我叫小李试，她穿着小，你试试看。"艾雪一试正好，穿着也舒服。龚莲说："你穿吧。"艾雪拒绝了。龚莲接着说："我穿着不合适，我还有好几双。"艾雪想：我正好没凉鞋，龚主任不穿放在一边也是浪费，再说龚主任会买东西，我自己去买也不一定买到合适的，我给龚主任钱就是了。艾雪正想着，龚莲说："我去换双鞋，然后把鞋给你送过来，这可是皮的。"

　　艾雪拿出一百块钱给龚莲，龚莲死活不收。

　　龚莲在艾雪办公室门口说："你过去帮过我，我心里都有数。"艾雪说："那是应该的啊。"

艾雪分别跟两个同事说："龚主任送我一双穿过的凉鞋，我给她钱，她死活不收，我送她点东西还回去。"

同事说："你们这是正常来往呀。"

艾雪想起龚莲曾对自己说："你老家出东阿阿胶，你能从厂家买一些吗？便宜不少钱呢。"

艾雪看超市里有卖的，直接原价买了一盒。

艾雪给龚莲送去阿胶糕，龚莲说："我吃阿胶上火。"死活不收。

不久，艾雪发现龚莲送的鞋磨脚，便把鞋还给了龚莲。

有一天，艾雪去龚莲办公室找她，没找到人，便问同事："看见龚主任了吗？她不在自己的办公室。"同事回答："她拿着几张照片去郑主任屋里了，我无意中看到那照片上有你。"

艾雪心一紧，想：难道她会把我去她办公室送钱、送阿胶糕的场景拍下来，断章取义证明她拒贿、我行贿？来个恶人告状？

在一次开会时，面对郑主任的问询，艾雪将这件事的来龙去脉讲了一遍，在有证人的情况下，艾雪说得更有底气。有人恍然大悟，悄悄说："哦，原来是这么回事。"有人对龚莲的行为表示愤怒与鄙夷。

会议后，几个女同事你一言我一语，巧妙地批评龚莲，龚莲面露难过之色。

一个星期六的夜晚，艾雪来到当地一个学院，听中国作协一个网站负责人的讲座，他曾给艾雪上过课。主持讲座的博士生导师，艾雪并不认识。看到艾雪拿着她自己出的两本诗集，主讲人临时说："艾雪，你也讲讲。"在听讲的间隙，艾雪赶紧做准备，之后，艾雪讲了二十多分钟。台下是中文系的研究生，女生多一些，艾雪讲了一些写作的技巧与体会等。看到那些女研究生听得聚精会神，艾雪给大家读了一首最近写的诗：

正气和

打开
用正气
奏和谐之音的
扉页

或许有些疼痛

炖好药吃下去
相信
病总会好的

第四十六章

爱，夜与明

　　艾雪离婚后，和父母住在离婚时分的房子里，地处当地的繁华地段，房子不小，门厅也很大。人们都说，母爱是天底下最无私最伟大的，从小没有体会到一丁点母爱的艾雪，从母亲的角度出发，想：也许这是母亲教育自己的一种方式吧。小时乖巧，长大孝顺的艾雪，自己舍不得吃，先给妈妈吃，自己舍不得穿，却舍得给妈妈买衣服。艾雪父母的工资在当地算高的，但不知为什么，魏珊总说自己生活困难。于是，对自己省了又省的艾雪，因心疼父母便把攒的钱都给母亲了。艾雪对父母说："爸妈，等你们老了，我给你们养老。"知道母亲爱吃甜食，艾雪用烤箱烤了点心，说："妈妈，你先尝尝这样烤得怎么样，我先预习预习，你若觉得好吃，等你老了，我经常给你烤。"

　　魏珊在艾雪面前很放得开，有时甚至有点乖张。家里新买了一个电饭煲，魏珊放在那儿不用。看了说明书后，艾雪说："用法挺简单的。"只不过随口一句话，魏珊听后却突然发火，说："艾雪，你说我笨。"艾雪莫名其妙，虽然喜欢与父亲争论，但对母亲，艾雪说话总是小心翼翼的，唯恐哪句话说得不好，惹母亲不高兴。魏珊不依不饶，

125

说："你这样对我，我就走，离开你家。"艾雪知道父母把改成父亲名字的单位分给自己的房子卖了，钱大部分给了哥哥。现在父母名下，只有一处旧房子，条件很不好。艾雪担心父母生活得不好，想：家不是讲理的地方，是讲情的地方，老人就得哄，自己受点委屈又何妨？于是艾雪赶紧一把拉住母亲，说："妈妈，你别走，我错了还不行吗？"魏珊这才留下。

过了几天，艾钢炮去买水果时，买了艾雪爱吃的桃子。艾雪兴奋地说："爸爸，我最爱吃桃了，你真是对我太好了。"没想到一旁的魏珊又冲艾雪发火了，说："你说我对你不好？"艾雪想：我说父亲对我好，没有一点诋毁母亲的意思啊！魏珊又要走，艾雪再留，随即承认错误。

在魏珊的严格要求下，艾雪从小养成不浪费剩饭的习惯。这一天，艾雪回到家有点饿了，桌子上放着她昨天买的熟牛肉，艾雪吃了一些。没想到魏珊看到后，火气冲天，嫌艾雪把家里的牛肉吃了。艾雪头一次跟母亲开玩笑说："妈妈，难道我吃牛肉，你很心疼吗？"这一问，像点着了火药桶，魏珊要死要活，艾雪费了九牛二虎之力才把这件事平息下来。魏珊知道艾雪铁了心要给父母养老，但她总是说："谁要你养，老了我们去养老院。"

魏珊俨然把艾雪家当成了自己家，艾雪反而成了客人。魏珊的大姐每年都来艾雪家住上两个月。魏珊的二姐也过来住了很长时间，在此期间，魏珊的二姐住院了，艾雪精心照顾着二姨。懂事的卞冬到医院去看二姨姥姥，握着她的手说："希望姨姥姥早日康复。"二姨感动得不得了。大姨、二姨都羡慕魏珊有一个这么孝顺的女儿。魏珊对艾雪说："谁让你到我肚子里来呢，要不你别到我肚子里来呀。"艾雪连忙过去对魏珊嘘寒问暖，魏珊很得意地看向大姐、二姐。

卞晓不同意上高中的卞冬去辅导班，艾雪却表示支持。艾雪说：

"再紧也要拿钱让儿子上辅导班。"卞冬知道妈妈还得吃药，便把卞晓给他吃饭的钱省出一部分，攒起来交辅导班的学费。艾雪看到儿子这么懂事，心里宽慰，又心疼儿子，还是坚持把辅导班的学费都交上了。好在，卞冬的辅导班学费也不算很多。

第四十七章

爱，夜与明

　　都说这个世界上最不会伤害自己的人，一定是自己的父母，所以父母一定是这个世界上最值得相信的人。艾雪深以为然。艾雪把自己的心事一股脑儿地向母亲诉说着，包括自己和任善海相知相恋的经过。听艾雪说任善海可能大有作为，魏珊兴奋极了，她嘱咐艾雪："小声点，光让我听见就行，别让你爸爸知道。"

　　不过，艾钢炮还是知道了艾雪和任善海的事，他急了，对艾雪说："任善海这种条件的人，八成有对象，如果人家没对象，把你托付给这样的人，爸爸也放心。"

　　艾雪也急了，列举了一些任善海所做的事，证明他没有对象，比如：一开始，任善海先对离婚后的艾雪动了心，想追艾雪，艾雪还没进入状态时，任善海还坚持对艾雪好；当艾雪稍有点头的意思时，任善海打电话告诉了关心着他的亲人们，亲人们都替任善海高兴。艾雪说："如果任善海有对象，他再找我，他的亲人会这么支持吗？再说，凭我对任善海的了解，如果有对象，他就不会追我。"

　　一贯把感情看得重于物质的艾雪对任善海说："我什么都不要。"

在别人眼里，也许艾雪挺傻的，但艾雪心里知道什么才是最重要的。她要的是任善海这个人。任善海明白，艾雪对他的爱是纯粹的。虽然艾雪不注重物质，但任善海舍得为艾雪花钱，为艾雪买了房子。任善海表达的爱，艾雪感受到了，她把任善海的爱小心地珍藏在内心深处。

艾钢炮和魏珊说艾雪："你有病，谁知道你说的是真的假的。"

已经四十出头的艾雪，坚定地甩下一句话："我认准任善海了，今后过得好也罢，差也罢，我自己负责，不会埋怨你们半句。"艾雪头一次为了一个人，砸下重话。经历了种种磨难的艾雪想：终于自己为自己做回主，可以过自己想过的生活了。

魏珊曾当过一所小学的老师，她开会时讲的话，都是艾钢炮下班回来为魏珊写出来的，艾钢炮乐呵呵地做着这事，从未有过怨言。有一次开会，一些学校的负责人参加，魏珊以为到会听听就行，不用发言，就没让艾钢炮准备材料，结果会上除魏珊外别人都即兴发言了。魏珊脑子里空空的，一句话也不敢说。之后，那次参会的大部分人都得到了提拔，魏珊后悔没让艾钢炮准备材料。艾雪上小学五年级时，魏珊曾给艾雪所在的班上过政治课，完全照本宣科，学生们嗡嗡地说着话，急得魏珊冲着没说话的艾雪叫道："艾雪，站起来！"魏珊本来想以此压住嗡嗡的声音，结果学生们说话的声音更大了，于是她又叫几个学生站起来。总算等到下课铃响起，大家都松了一口气。魏珊年轻时并不关心政治，但是将近八十岁的魏珊，突然开始认真收看新闻联播。如果不看电视，魏珊就躺在床上，不知道想些什么。

艾雪听魏珊整日讲她这一辈子过得亏了，出于关心，艾雪说："妈，你若难受，就吃舒必利药，吃了以后心情会好些。"魏珊不耐烦地说："我没病，你才有病呢。"

魏珊提出让艾雪请求任善海推荐她到单位任职。

艾雪觉得好笑：真是异想天开，都快八十岁的人了，该安享晚年了，何况母亲工作能力一般，就算任善海有这个本事，也不能推荐能力与位置明显不符的母亲呀。亲情归亲情，位置归位置。

艾雪坚决地摇了摇头。

不甘心的魏珊自己去找任善海，结果去了两次，都碰了钉子。

第四十八章

爱，夜与明

　　人前装了一辈子的魏珊终于在家里露出了本来面目。就魏珊和艾雪在家时，艾雪拿着侯三元曾写给自己的字字如泣的书信给魏珊看，魏珊看完后竟高兴地笑了，还有点得意。艾雪知道侯三元找过母亲，让母亲帮他追求自己，母亲给他支过招，虽然那些招数使得他离自己更远些，可侯三元并未觉察出什么，还以为母亲一直是向着他的，因而对母亲一直心存感激。

　　当艾雪说起任善海在自己心目中是个大人物时，魏珊竟说："侯三元就配得上你了，你还想找更好的，有我在，你别想找好的。"艾雪诧异了，希望自己的孩子有一个好的归宿是人之常情，怎么自己的母亲并不希望孩子找个好对象，甚至话里还有点嫉妒的意思呢？

　　艾雪刚刚成年时，比她大四岁的哥哥正在和一名女演员谈恋爱，母亲不喜欢那个女演员，总想让他们分手。当时的艾雪觉得哥哥有点不对劲，老想往自己屋里凑，于是，晚上睡觉时，艾雪就从屋里面锁上了门。结果，哥哥告诉了母亲，母亲发火逼着艾雪晚上打开房门，艾雪无奈，只好照办。没过多久，晚上熟睡的艾雪被一阵针刺的疼痛痛醒，睁眼发现哥哥手里拿着什么，蹲在自己床边，看见自己醒了，他慌得抱头鼠窜，一溜烟从自己房里跑了出去……

外人眼里长相英俊的哥哥在艾雪眼里丑极了。上中师时，同学们说起家里人，有人问艾雪："你哥哥长得好看吗？"艾雪答："我哥哥长得很丑。"

哥哥小时候常说他是亲生的，艾雪是捡来的。

艾雪的嫂子曾经对艾雪的哥哥的身世有过疑问，因为她觉得艾雪的哥哥长得不像艾钢炮，而像艾雪的二姨父，而且二姨二姨父有两个儿子，又把艾雪的哥哥养到八岁。魏珊是在一个下雨天，拖着快生的身体，独自去的艾雪二姨二姨父家，在他们那个大城市生出了艾雪的哥哥。艾雪的哥哥从小被当作二姨家的孩子养，二姨格外疼他。二姨家孩子们的学习成绩都不算好。艾钢炮学习成绩是出了名的好，可是任魏珊怎样费心培养，艾雪的哥哥学习成绩就是不好。看到艾雪的二姨父和魏珊说话的神态，艾雪的嫂子直撇嘴。直到有一天，憋不住的嫂子给二姨的大儿子打电话，问："艾雪的哥哥不是艾钢炮亲生的吧？"一句话掀起了轩然大波。魏珊说："艾雪的嫂子爱钱，觉得和我们关系僵，以后分不到遗产，所以故意说艾雪的哥哥不是我们亲生的，想去认大城市的二姨二姨父为父母。"艾雪的哥哥对艾钢炮说："我是谁的儿子我自己不知道吗？一看就像你。"魏珊说："不然做亲子鉴定去，侮辱人不行。不过要做亲子鉴定的话，我们的脸可就丢大了。"

艾钢炮正犹疑间，魏珊躺在床上恨恨地说："我盼着她死！"艾钢炮以为魏珊是因为受了冤枉，才说这么狠的话，就没再追究下去，此事不了了之了。

艾雪的嫂子不来看艾钢炮和魏珊，魏珊就拿着东西去艾雪的嫂子家。见到艾雪的嫂子，魏珊满面笑意地对她说："我看你越来越漂亮了。"艾雪的嫂子是个骄傲直爽的人，听了这话，哈哈笑了。笑过后，艾雪的嫂子就找个借口出去了。魏珊就和艾雪嫂子的母亲聊，想从快人快语的亲家口中探听些什么。过了一段时间，魏珊又去问艾雪嫂子的母亲："艾雪的嫂子现在在单位担任什么工作？"并从侧面打听艾雪嫂子受没受到处理，受到什么处理。艾雪嫂子的母亲有所警觉，把话绕了过去，没有回答。不过，艾雪嫂子的母亲说那个春节，艾雪嫂子心情很不好，什么都不想干，家里冷冷清清的，一点没有过年的气氛。回到艾雪家，魏珊说起艾雪嫂子年都没过好，高兴得眉飞色舞，像捡了个大元宝似的。

艾钢炮和魏珊住在艾雪家，艾雪的哥哥和嫂子也不来。魏珊拿着东西去看他们后，在魏珊的要求下，艾雪的哥哥才勉强来了一趟。艾雪的哥哥一来，魏珊便添油加醋地数落艾雪嫂子的不是，把艾雪嫂子说得很不堪，艾雪的哥哥听着，也不反驳。过了一会儿，艾雪的哥哥接到艾雪嫂子的电话就走了。他几乎每次来都是这个模式。魏珊的话，他不反驳，也不传给妻子。遇到家里需要他做点什么时，他总是说不是他不愿意做，是艾雪嫂子不愿意让他做。

艾雪还记得魏珊对自己说的一句话："我养你就是为我儿挣钱的。"听了这句话，艾雪心里觉得难受。

魏珊总是想尽办法让艾钢炮、艾雪为她儿子服务。

艾雪的哥哥有一个展演历代服装的想法，艾钢炮写了洋洋万言的一篇与此相关的论文，署名是艾雪的哥哥。艾雪的哥哥本来想立项，结果遇到了困难，他到艾雪家说："我放弃了。"艾钢炮急了，亲自指点他怎样运作，并提供了大力支持，最后终于帮他立项了。艾雪的哥哥是项目负责人，有三四个导演负责把他的想法搬上舞台。在文博会上展演亮相时，惊艳了众人。享受着众星捧月般待遇的艾雪的哥哥有点飘飘然。大获成功之后，艾钢炮特地请客为儿子庆贺，只不过艾雪的哥哥只字未提艾钢炮的"付出"，甚至连一个"谢"字也没说。

艾钢炮心里有些不得劲，魏珊对他说："为儿子付出不应该是无怨无悔的吗？"

　　有了名气的艾雪的哥哥想一鼓作气，再弄一台剧目。他想到了有文学天赋的艾雪，对艾雪说："写剧本一般不挣钱，你替我写，还有挣钱的希望。"魏珊说："艾雪，你哥哥让你写剧本，是帮你，向着你，不能让你嫂子知道是你写的。"艾雪说："嫂子不一定有这方面的才能。"魏珊说："虽然你嫂子没有这方面的才能，但看她那傲劲，她肯定觉得自己有这个能力，到时对你有意见，就不好办了。"彼时艾雪生活困难，想改善一下条件，于是就答应下来。艾雪很快就写好了，在哥哥的要求下，编剧一栏写的是哥哥和自己的名字，哥哥排在前面。艾雪的哥哥俨然把剧本当作自己创作的，找专家提修改意见，又进行了修改打磨。这期间，从小到大都对艾雪爱搭不理的哥哥，请艾雪吃饭，给艾雪夹菜，对艾雪热络起来。他说："艾雪，你是吃编剧这碗饭的。"不过一次他请艾雪吃饭时说的一句话，吓了艾雪一跳。他说："你看，其实有的兄妹像恋人一样。"艾雪很震惊：那不是乱伦了吗？看到艾雪的神色不对，他有些尴尬，收住了话头，没再往下说。剧本写出来后，精明的艾雪的嫂子看了一眼丈夫，说："这肯定是小雪写的，不是你写的。"

　　魏珊以艾雪有病为由，让艾雪吃她拿的药，艾雪不想吃这来历不明的药，魏珊就逼着艾雪吃。在屋里学习的卞冬出来了，说："妈妈，你怎么像是受迫害似的？还不赶紧找任医生！"

　　一听找任医生，魏珊就不好说什么了。

第四十九章

爱，夜与明

　　聪明且懂事的卞冬到外地去上大学了，家里只有艾钢炮、魏珊和艾雪，卞晓也时不时来家里。每次卞晓来，魏珊都热情地接待，费力地给卞晓做好吃的，说是为了艾雪。

　　魏珊、艾钢炮只剩下魏珊学校分的旧楼，居住环境很差，而且是租的教委的房子，没有房产证。卞晓和胡艳没结婚，两个人在一起，却不住在一起，都过得不如意。卞晓看到那么多人对艾雪好，这才发现，原来艾雪是真的好。离婚后，为了儿子，艾雪对他不错，卞晓也开始对艾雪好了。听到能团购买房的消息，卞晓表示："房子是儿子结婚的刚性需求，我要出资为儿子买一套。"艾雪的父母也想买一套房，只是他们虽然工资很高，但是不知为什么，老是过得紧巴巴的。魏珊不会理财，但特别愿意管钱，艾雪的工资卡她也要拿着。后来，艾雪跟她要了好几回才要回来，不过艾雪一攒点钱，魏珊就像收租子似的，以自己生活困难为由，从艾雪那儿把钱拿走，有的时侯说是借，有的时候，心软的艾雪说："给父母花钱应该的。"不知道这些情况的卞晓，一听艾钢炮、魏珊要买房，觉得这是大事，想表现一下，于是决定把给儿子买房的二十五万现金，给艾钢炮、魏珊买房用。艾雪再贷二十五万，给卞冬买房。艾钢炮和魏珊一再说："我们因为年龄大了不能贷款，只能用你们贷款的资格，贷款的钱我们还。"艾钢炮还想在房本上加上艾雪的名字，艾雪说："爸爸，为你们买房尽点力，这是女儿应该做的，这房子名字还是写你自己吧。再说你若这样做，我哥哥那儿可能有别的想法。"魏珊极力反对在房本上加上艾雪的名字，说："就是呀，坚决不能加上艾雪的名字。"

就艾雪和魏珊在家时，魏珊说："你还想往上升，有我在，你别想，就是升了，我也要把你拽下来。"

此后，魏珊每天基本什么都不干，天天躺在床上琢磨事情，估计整天琢磨怎么和艾雪斗。在家里，魏珊想尽方法给艾雪捣乱，搞得艾雪精疲力竭，这样持续了好长时间。魏珊还在家营造了一种恐怖的气氛，她常说："我年龄大了，走的时候，得带走个人。"艾钢炮说："家里人要是想害自家人，防不胜防，就是死了，也不一定能破案。"魏珊还说："我年龄大了，就是杀人，也不用偿命。"

有一次，艾雪无意中说出，自从贷了款，其实一直是她在还钱，而且还要一直还下去。卞晓埋怨艾雪给父母还贷不告诉他，又得知不算送给艾钢炮、魏珊的钱，光是艾雪借给艾钢炮和魏珊的钱，再加上贷款的钱就有四十几万了，这几乎把艾雪当时存的钱搜刮干净了。卞晓听了后，火冒三丈。艾雪倒觉得给父母钱是应该的，她无怨无悔。她诚心给艾钢炮和魏珊养老，而且对父母的事，又出钱又出力，只是她想不通：母亲怎么不盼她好呢？还用死吓唬她。卞晓知道艾雪孝顺父母不心疼钱，但向来把钱看得很重的卞晓心疼啊。艾雪攒了钱，还可以给儿子。越想越气愤的卞晓直接找艾钢炮和魏珊理论。对魏珊言听计从的艾钢炮梗着脖子说："要钱没有，要命一条。"气得卞晓冲艾钢炮奔去，艾钢炮吓得被旁边的凳子绊倒，摔了一跤。第二天，磕在凳子上的皮肤青了。艾雪连忙带父亲去看病，让他服药。没想到，魏珊大做文章，说艾钢炮被卞晓打得腿都青了，还让人拍了腿部淤青的照片。听了魏珊的话，大家都很气愤。艾雪的哥哥对卞晓说："爸爸要是有个闪失，我砸断你的腿。"

魏珊开始威胁卞晓要杀了他，只一次，卞晓便吓得拨打了110。公安局让卞晓注意留证据。

魏珊吓唬了艾雪好长时间，经常对艾雪说："你不怕死啊？"见没有达到预期目的，魏珊转而用让艾钢炮死吓唬艾雪。艾雪担心父亲的安危，害怕父亲睡着后，母亲作恶，于是晚上艾雪不敢睡觉，搬个椅子在他们门口听动静。

有一天，魏珊又说："我们要是不想在你这儿住了，就去养老院。"

以前魏珊一提住养老院艾雪就反对，这次艾雪应声："好的，可以去养老院。"艾雪想的是：让父母一起住进养老院，养老院里有二十四小时监控，那父亲就不会有危险了。等他们住下，再单独接父亲回家，把母亲留在养老院。魏珊没有想到艾雪会这样说，而且艾雪还陪他们去看了养老院，交了押金……

魏珊叫着艾钢炮去了艾钢炮的侄子——艾雪的堂兄家，说艾雪撵她去养老院。艾雪的堂兄给艾雪打电话，叫艾雪去他家一趟，和大家谈谈。接电话的时候艾雪和卞晓在一起，卞晓听说这件事后，主动要求一起去。到了艾雪堂兄家，卞晓把事情的来龙去脉说了，包括艾雪对父母的孝顺，魏珊和艾钢炮是怎样对艾雪的……卞晓还说，除了我们，对周围亲戚，哪怕是下岗职工，他们也哭穷，人家不得不借钱给他们。魏珊还逼着艾钢炮编个理由找以前的同事借钱，结果人家先给艾雪打了个电话，知道他们编的理由不成立，没借钱给他们，魏珊气得在家里大骂艾钢炮那个同事。艾雪的堂兄想起来了，前一段时间，婶婶亲自打电话向自己借过钱，说叔叔病了，快不行了，需要钱治病。

自己连夜取出一万块钱送去，结果看见叔叔很健康地在屋里坐着，声如洪钟。

这时艾雪又想起一件事，她出第二本诗集的时候，曾见过母亲的一个老同学。他退休前是一家杂志社的副主编，懂点诗歌，艾雪想出版前找人指点修改一下，就给他打了个电话。后来，艾雪又想：算了，别找他了，还是找诗歌方面的专家给指点一下。结果，魏珊的老同学又主动打来电话。于是，艾雪在饭店里请他边吃饭边指点。据说，他的朋友特别多。他告诉艾雪，他曾和艾雪的母亲谈过恋爱，艾雪的母亲还曾给他送过钱。不过，后来魏珊说："我最反感他了，还能送钱给他？他是借我的钱，竟然不还了，你看这人，怎么这样？"他们谈着诗歌，又谈起了时事，彼时，中日关系正紧张，他竟是站在日本的立场上，他越说艾雪越觉得刺耳，最后温和好脾气的艾雪实在忍不住拍了桌子，说："日本有个'李鸿章道'，您知道吗？"魏珊的老同学猝不及防，一愣，转移了话题，再谈诗歌。谈完诗歌，魏珊的老同学提出要向艾雪借二十万，艾雪哪里有这些钱，当然回绝了。没想到魏珊的老同学竟自信地笑了，一副志在必得的神态。当时，艾雪还纳闷：他为什么有这种神态呢？

艾雪想起去山西看望上学的儿子时，路过左权县，她特地到了左权将军牺牲的山头，看着那里的文字介绍，深思良久。回来后，写诗一首：

左权将军牺牲地小立

1942 年

你的名字

写在中国的地图上

群山呼喊

安息吧！左权将军

你的英魂

化作一缕轻烟

直上历史的天空

若黑暗

还想脏了岁月

中国就会有无数个左权将军

用闪亮的灵魂

洗白光阴

太行压顶也决不动摇

大厦不在

安得垒卵

谁没有妻子儿女

为了天下的父母儿女亲人

即使一颗巨大的泪滴

裹着寂寞

也要化作大义的鹰

直冲云天

左权将军

你走了

在妻女眼里

你一直在那里

在国人眼里

你就是民族的魂魄

　　艾雪从左权县回去不久，魏珊知道，艾雪要去参加一个纪念中国人民抗日战争暨世界反法西斯战争胜利七十周年的诗歌朗诵会。参会前一天晚上，艾雪把眼镜放到床头柜上就睡了，没有关卧室门，她睡得很沉。天亮了，艾雪准备去参加诗歌朗诵会，翻遍了所有地方，眼镜却怎么也找不到。时间来不及了，天色也有点黑，艾雪摸索着到了活动地点，参加了活动，并拿出自己写的《左权将军牺牲地小立》，请诗人们指点交流。参加完活动回到家，眼镜很快就找到了。

　　过了几天，一个周日，当地城市广播电台举办活动，请市民参与朗诵大赛，择优播出。艾雪朗诵了她写的这首诗，她把什么朗诵技巧都忘到了脑后，读出了真情实感……连在一边录制的人员都被感染了，说："艾雪朗诵得很有激情啊，很好。"

　　又一个周六，卞晓来家里对魏珊说要请艾雪吃饭。吃完饭，卞晓开车送艾雪回家，行到一个地段，前面的车突然急刹车，卞晓的车一下子撞到前面的车上。艾雪身子从座位上弹起来，头撞到车的前玻璃上，车玻璃中间裂开了，裂缝呈长长的放射状，万幸的是艾雪只是头擦破点皮，没有大碍。前面那辆车是一个漂亮女士开的。一看司机是个漂亮女士，本来脾气挺大的卞晓没了脾气。交警看到车玻璃被撞出了很长的裂缝，焦急地问："里面的人受伤了吗？"艾雪说："只是擦破点皮。"看到艾雪没有大碍，交警才放下心来，继续处理这起交通事故。

　　九月三日是中国人民抗日战争胜利纪念日。这一天，艾雪写下一首诗：

流血的祖国

——写在纪念中国人民抗日战争暨世界反法西斯战争胜利七十周年之际

那时

祖国的大好河山呵

惨遭日寇蹂躏

祖国备受摧残的容颜上

流淌着两行浑浊的泪

擦一把泪

眼里冒着火

"起来，不愿做奴隶的人们"

"冒着敌人的炮火前进"

四面八方的驰援

如战车之两翼

血

干了

中国人的骨头

坚如顽石

就算饱受寒风摧残

也要昂首

十四年漫长的夜

多少人长眠在噩梦里

再也不能醒来

再也不能看着

祖国盛开

祖国啊

你的儿女们

哪怕是一颗小小的螺钉

也要做平凡的英雄

再也不让耻辱的历史在中国重现

当卞晓说了艾钢炮腿伤和借钱的事，艾雪说了两人受到死亡威胁等事后，艾雪堂哥却不大相信，温和的婶婶还能干出这种事？艾雪这么说，可能是因为生病，可是卞晓也这么说，堂哥疑惑地看着卞晓，想：不会是他也病了吧？艾雪堂哥对这件事的态度让魏珊松了一口气。艾雪堂嫂有点相信，不过她没有说什么。

艾钢炮说要在艾雪的堂兄处住几天。

艾钢炮和魏珊在艾雪的堂兄处住了一晚上，第二天艾雪就坐着公交车去看望他们。堂嫂说，昨晚她和堂哥问了魏珊几句话，魏珊就嗷嗷地闹，弄得邻居以为半夜他们两口子打架呢……艾雪说要把父母接走。堂哥和堂嫂也没有挽留。

回到艾雪家第二天，魏珊就住进了医院，说是让艾雪气得脑梗。

晚上，魏珊冲着艾钢炮大喊："孩子们问钱上哪儿了，为什么你不把责任顶起来？"声声如雷，冲击着艾钢炮和艾雪的耳膜，从她的表现上一点也看不出脑梗的症状。

第五十章

爱，夜与明

　　医院病房里就魏珊和另一个病号，那个病号正好是魏珊之前任职的学校的老教师。护士问魏珊身体怎么样，魏珊说自己身体没事，就是来冲冲血管。看到迈腿进来的艾雪，魏珊又说自己病得很厉害。老教师看到艾雪细心地照顾魏珊，说艾雪是个好孩子。魏珊说艾雪的哥哥也会来，等了好半天，艾雪的哥哥才来。老教师见到艾雪的哥哥，再看看艾雪，好像明白了什么似的，摇摇头，没说什么，打完针后在女儿的陪同下走了。

　　屋里只剩下魏珊、艾钢炮、艾雪的哥哥和艾雪。艾雪的哥哥对魏珊说："如果达不成心愿就算了。"魏珊很难过，流下眼泪，表示不甘心。后来，艾雪知道，母亲早就和哥哥通了气，不仅自己要获得一个好职位，也要让哥哥获得一个好职位……没等哥哥问母亲的情况，艾雪就说了一些实情。这时，有人进屋，好像在记着什么……看到有人来，哥哥没敢在艾雪面前要横，由着艾雪说，直说得他不好意思起来，要接母亲走，艾雪说要接父亲走。不过艾钢炮表示要和魏珊在一起，嘴里还嘟囔着："我就不让他们得逞。"哥哥着急地说："爸爸，你回艾雪那儿住吧。"艾钢炮说："我跟你们走。"说着硬上了哥哥的车。

这时，艾雪接到了堂嫂的电话，堂嫂说："艾雪，我真的觉得你很孝顺，我亲眼看见你……"这是魏珊到处说艾雪不孝顺后，堂嫂根据自己的判断对艾雪说的话。有一个老家的表嫂，因看病在艾雪家住过，亲眼看到艾雪对魏珊很好，后来见到魏珊直接说她："你看看，你看看，你怎么嘴歪了？"

第二天，艾钢炮回到了艾雪家。已和魏珊保持一致的艾雪的哥哥对艾钢炮说："你先治住小雪。"

艾钢炮要把艾雪送进专治精神病的医院，为让艾钢炮安心，艾雪答应了下来。艾钢炮兴奋地给魏珊打电话说："魏珊，我要把小雪送进精神病院了。"魏珊更兴奋，两个人又聊了一会儿，才挂了电话。

艾雪的嫂嫂是坚决不让魏珊在家住的，艾雪的哥哥想用魏珊和艾钢炮的钱，在自家住的小区给他们租一套两室一厅的房子，只是一时还没找到，魏珊只得暂住在艾雪的哥哥家，等租好房子再搬走。

艾钢炮把艾雪送到医院后，就以为万事大吉了。没想到艾雪住的是开放式病房，病人可以请假出去，但需要有人陪着。卞晓自告奋勇地来陪护，艾钢炮抽空来一下就可以了。这天，卞晓陪艾雪请假回到家。两人正吃饭，艾钢炮来了。他诚恳地对卞晓说："我借艾雪的钱，就是为了圆一个买房梦。"卞晓有点受触动，说："四十多万，我们先不要了，就圆爸爸的一个买房梦。"没想到的是，艾钢炮又要向艾雪借七万。卞晓听到了，非常生气，心想：四十多万都不要了，怎么还要七万，这不是变本加厉地压榨艾雪吗？卞晓的怒火腾的一下蹿上来，说："艾雪没钱。"艾钢炮没再说什么，就走了。

许是回到魏珊处，受到了魏珊的刺激，艾钢炮跑到艾雪住的病房，把艾雪掀翻在地。艾雪摔倒后，艾钢炮才回过神来，知道自己惹下事情，看着艾雪没有大碍，才敢走。艾雪临床陪护的阿姨，看到这情形，流下同情的眼泪，说艾雪也是苦孩子出身。

虽然艾雪去的医院，总让人有不好的联想，但艾雪觉得还不错。医院里有乒乓球室，住院的病人病情都不算很重，大都很友好。

魏珊和艾雪的哥哥的计划，艾雪的嫂子能猜得到，但她就是不和魏珊一条心。魏珊和艾钢炮住在艾雪家这么多年，她几乎不登门，因为她觉得魏珊对她是虚情假意，她就不应该对魏珊好。就在魏珊暂时住在艾雪哥哥家的几天里，一个晚上，熟睡的艾雪的嫂子被蹑手蹑脚起床的魏珊打了一顿。第二天，大家发现艾雪的嫂子鼻青脸肿的。

第五十一章

爱，夜与明

　　苦孩子出身的艾雪也有感觉很幸运的事，那就是遇到心胸比海还宽广的任善海。由于觉得时间不属于自己，不能照顾艾雪，对卞晓照顾艾雪这件事，任善海持支持的态度。艾雪知道这是任善海对自己人格的信任，认为自己能把握好度，艾雪也确实做到了。快过春节了，卞晓想让艾雪去他的老家过年，艾雪不愿意去，任善海对艾雪说："你要考虑孩子的感受。"艾雪知道任善海心胸宽广，这不就是艾雪年轻时就心仪的男人的风度吗？

　　有一次，任善海请艾雪吃饭，艾雪发现餐桌上摆满了菜，惊奇地问："今天是什么日子？"任善海请艾雪到餐桌前坐下，说："你听我慢慢给你说。单位信任我，派我去援藏。""好啊！"艾雪的第一反应是兴奋，因为一般被选去援藏的人员，是重点培养的对象。

　　"只是我这一去就要好几年，我不在家，不能照顾家庭，你一个人留在这儿，还得照顾又回这个城市上学的孩子，辛苦你了。"

　　"不辛苦，俺是劳动人民出身。"艾雪俏皮地笑了。

　　任善海刮了一下艾雪的鼻子，笑了。他端起杯子说："敬你这位通情达理的爱人。"

送走任善海以后，艾雪很快给任善海写了第一首诗：

同志夫妻

爱情不只是

温柔乡里

风花雪月

唯美画卷

还有那

通往静谧山上

为人民做事

灵魂交织的壮烈

暂时的疼痛

会将藏起来的深爱

于年老时

幸福温馨地释放

……

刚写完，艾雪就听到卞冬在厕所的喊叫声："妈妈，快来看，抽水马桶坏了。"艾雪跑到厕所，看到马桶里满是污物。艾雪手忙脚乱地进行修理，费了九牛二虎之力才修好马桶。

艾雪正想喘口气，又听到了卞冬在书房的喊声："妈妈，灯怎么灭了？"艾雪冲到书房，小心翼翼地踩着梯子，拿下屋顶的灯泡，拿的时候很费劲，她身子一晃，差点摔倒，下冬惊叫一声："妈妈，小心！"

当晚，艾雪买了灯泡，在路上走着时，突然发现后面有个影子跟着她，那人好像拿着一根棒子。艾雪心里一紧，快走几步，影子也跟着快走几步，艾雪跑了起来，影子也跑了起来。艾雪的心提到了嗓子眼，此时突然听到熟悉的声音传来："艾雪，你跑什么？是我呀。"艾雪停下一看，原来是老同学李慕白，他手里拿着卷着的一张报纸。艾雪笑道："老同学，原来是你呀。吓我一跳。"李慕白笑道："我从后面看着像你，你比原来胖了，又不敢认，然后你就跑起来了。""真是虚惊一场。"艾雪笑了。"你呀……"李慕白边说边笑着用手点了点艾雪。

半年多了，每天晚上，艾雪屋里都很静，静得一点声音都没有。

艾雪在给任善海写信：

形式的冷
心若在
不等于实质的冷

想你的夜很香
沁人心脾

知道应悄悄收藏思绪
迈开追赶你的步子

知道赶不上你
但追求本身就是美丽的

想起你笑的样子
浑身欢喜

我们用思念点亮
相守的日子
......

第五十二章

爱，夜与明

彼时，艾雪单位的领导换成了单主任，分管主任龚莲也从岗位上退了下来。艾雪依然认真地工作，采访、写稿子、调研走访，几乎单位的每个活动都有艾雪的身影。

有两人正在办公室议论单位提拔干部的事。

干部甲说："奇怪了，原来通知说有同志要来我们单位考察提拔干部，怎么不来了？"

干部乙答："听一个领导说，艾雪和刚调来的乌郡梅是考察提拔对象，但两个人只能提一个。艾雪工作积极，提拔的可能性大。但是考察前，有人反映了艾雪的问题。"

干部甲问："什么问题？"

干部乙答："艾雪经济上不会有什么问题，有可能是作风问题。"

干部甲问："你看艾雪平时连玩笑都不开，怎么会有作风问题？"

干部乙说："听说，艾雪给外单位写作高手打电话，想请教写作上的事，一听对方不是要找的人就挂了电话。但没想到接电话的是那人的夫人，两人正闹离婚，他夫人查了号码就找来了。"

干部甲问："这能说明什么？"

干部乙说："乌郡梅与和她关系好的人私底下推断这里面肯定有事。"

干部甲问："什么事？"

干部乙答："不明不白不清不楚的事呗。"

门虚掩着，艾雪进来，他们就不说了，谈话戛然而止，他们假装在忙事情。

周末晚上，卞冬吃完饭后，就去屋里看书学习了。艾雪一边收拾碗筷，一边想：唉，要是任善海在家多好，他一定会把我轻轻揽在怀里，用坚定的语气说，没事，天塌下来，有他顶着。不行，我得给他打电话，叫他回来。想着想着，艾雪就抓起电话，可转念一想：任善海不容易，本身援藏就得克服缺氧、生活条件差等困难，关键是总得为当地百姓做些实事，他工作太忙了。他忙得焦头烂额，我再添乱，不是拖他后腿吗？艾雪又放下电话。

这天，办公室里只有艾雪一个人，艾雪正埋头写着什么，电话铃响了。艾雪接起电话说："喂，请问是哪位？"

李慕白说："我是李慕白。怎么样老同学，最近还好吧？"

艾雪答："还行吧。"

李慕白说："语调这么低沉，怎么了？"

艾雪说："被人误解有作风问题，考察提拔干部的会议取消了，看来我提拔无望了。"

李慕白说："我看见和你竞争的乌郡梅与一个暗恋她多年的人一起喝酒，两人打得火热。他俩都在你单位，那个男的心甘情愿为乌郡梅做各种工作，把成绩记到乌郡梅头上，还帮她托关系找人。"稍顿了一会儿，李慕白接着说："提拔这事得有人运作，我帮你怎么样？再说，被人冤枉有作风问题这事不得解决吗？其实，我去过你们单位，走到你办公室门口，从门缝里看到你在聚精会神地看书。我看了你一会儿才走。"

艾雪对李慕白印象不错，李慕白一直关心她，在最困难的时候来帮她，让她心里热乎乎的。但印象好归印象好，爱人只有一个，艾雪不想为了权力和利益，失去人生最宝贵的东西。

艾雪说："谢谢你的关心，但我有爱人。"

李慕白问："你爱人现在在哪儿呀？"

艾雪说："爱人现在住在我心上。"

李慕白说："我看你一个人带孩子不容易，夜深人静时不孤独吗？"

艾雪说："其实，只要心灵不孤独，便不会孤独。"

李慕白说："都什么年代了，还这么封建，我们也可以做夫妻呀，做不了夫妻，可以做恋人，做不了恋人，可以做知己，做不了知己，可以做朋友。"

艾雪说："我看，我们还是做朋友吧。做互相鼓励干好工作的朋友，不更好吗？"

艾雪给任善海写信：

一心

小草

在石缝在地面或在哪儿

因一心而青

苹果

因一心而红

一心的男儿
宁折也不弯腰
一心女子
再柔弱风也吹不倒

一心的爱人
遥远的并不遥远
海为他们打开一扇窗

一心
是海深处
岁月的光泽

　　艾雪就有关人员背后做小动作的行为给单主任打了一个电话。单主任说："你说得很对，就是这样的情况，看来，你的观察分析能力很强。"

第五十三章

爱，夜与明

在别人的嘲笑声中，艾雪一如既往地干着工作。

她去乡村小道暗访城乡环卫一体化的落实情况，拿着本子去调研《城市绿化条例》贯彻实施情况，到大学、企业、饭店暗访查看环保设施……

艾雪正低头写材料，乌郡梅在网购，干部甲说："领导正往这儿来呢。"乌郡梅赶紧关了网页，假装在忙。不久，干部乙说："领导去其他屋了，不来这儿了。"乌郡梅又开始网购，艾雪依旧忙工作。乌郡梅说："艾雪，领导不在你也这么干，不累吗？"艾雪说："我觉得干工作，虽然累，但是处理了事情，就会有收获，心里就高兴、轻松。不干工作，看着轻快，但我觉得荒废了光阴，有负罪感，心理上累。"乌郡梅撇撇嘴说："还一套一套的，也不知道干什么累的呢。"

小许对艾雪说："艾老师，我们年轻人应该多干点工作，您都到这个年龄了，干工作还这么有激情。"艾雪说："做每一项工作对我来说都是学习的机会。我把领导给的每个任务都当成对自己的锻炼，只要尽全力做就可以了，不去管结果。每一次都尽全力，每一次自己都会有不同程度的提高，日积月累，自己的能力不就提升了吗？自己和自己比，哪怕每天只进步一点点，也是快乐的。”小许问："干这么多工作，不被提拔怎么办？”艾雪答："多干工作不是为了被提拔，你看我们的工作多有意义，你要是自己去调查什么事，人家还不一定配合。工作使我们可以名正言顺地调查民意，了解民情，反映人民的呼声，能为人民做事，多好。”小许深以为然地点头。

有一天，艾雪在公交车站附近等车，发现一个包着头的年轻人，打扮得像捡垃圾的，从垃圾箱里拿出纸来烧，又往上摞纸。来不及多想，艾雪上前一步说："你干什么？”那人犹豫了一下，继续烧，只是动作稍慢了些。另一个中年女子在那人背后，以为他真是捡垃圾的人，道："你讲点公共道德好不好，你看你把这儿弄得多脏啊，快别烧了，怎么还不灭了火，快别烧了，快别烧了。”那人这才熄灭了火，一跺脚，恨恨地走了。

过了几天，艾雪在公交车站牌处等车，听到人们议论。

路人甲说："哎，听说，前段时间我们这儿有人恶意放火被抓了。”

路人乙说："我们这儿能平安稳定不容易啊。”

过了一段时间，单位调查后还艾雪清白，艾雪和乌郡梅同时获得提拔。

三个月后，乌郡梅搞婚外情一事败露。

人们议论纷纷。

干部甲说："领导在会议上说，是否让乌郡梅这样的干部继续干下去，待定。”

干部乙说："我看乌郡梅整天惶惶不可终日。”

艾雪回办公室写了一首诗：

死去活来

陶醉
罂粟之美者
被罂粟消费

种下恶之花
自己的黄昏
也近血色

几日如几年
几年只这几日

才活过
才死过
……

干部甲又说："唉，这个乌郡梅，害怕被撤职，到处托关系找人帮忙。"

艾雪说："这样下去不行，我得帮帮她。"

干部乙说："她那样对你，你还去帮她，再说，我看她改不了了，你这是盲人点灯——白费蜡。"

艾雪说："盲人点灯，对自己无用，但可以替别人照亮路啊，所以并不都是白费蜡。"

艾雪来到乌郡梅面前。

乌郡梅警惕地说："你是来看热闹的吧？"

艾雪说："不是。你想听我的故事吗？"

乌郡梅感兴趣地睁大眼睛说："嗯，想听。"

艾雪说："我从小跟着姥爷姥姥长大，本来是个传统的女子，虽然我和前夫是包办婚姻，但我不该……"

乌郡梅急问："不该什么？说呀。"

艾雪说："在我前夫出国时，我抵抗过很多的诱惑，但有一回，我被人强奸了，我懦弱了，没有选择报警。遇到我心仪的男子后，我做了错事，后来，前夫也有了外遇，和我分居并提出离婚。我尝到了生活的苦涩。直到认识了我现在的爱人，我才体会到：必须严肃地对待生活。这是我被泪水浸泡后得出的真理。"

接着，艾雪说："我醒了，你也醒醒吧。"

乌郡梅问："还来得及吗？"

艾雪说："一切皆有可能，只要心里向往美好，就来得及。有人说，'向下'才是一种真正的'向上'。我觉得有道理，时刻把自己放在低处，才能走向高处，这世上没有捷径，只有一块一块地在自己脚下垫些'砖头'，才能看到自己渴望看到的风景。这砖头就是老老实实做人，扎扎实实做事。"

乌郡梅望着远方，似乎有所触动，又似乎一时转不过弯来，没有说话。

艾雪回到办公室写道：

黄昏前的锁

黄昏前
自己给自己上一把锁
把不该做的
锁在门外

把该做的
留在门内

精神的绿洲
会把孤寂也变成
绿色口香糖
到年老时
与你一起温馨咀嚼

漫步湖畔时，艾雪想起了任善海，她坐在小卖部的椅子上写道：

你点亮我的岁月

你是小小屋里
灯的开关
一按　亮了人生

寂静地品
你曾为我点燃的岁月
说不出地暖

寒风也吹不走
你带来的温度

在路上、湖边、林子、开阔地
无论在哪儿

你都浸在我橘黄色的梦里

永远不想走出你的视线

永远

……

艾雪给任善海写了三首诗：

做你坚定的影子

你收了我的灵魂

拴了我的身心

我是一截生了锈的铁

只愿默默地杵在那儿

做你坚定的影子

古老月光醉了

就不愿醒来

……

坚守一生

自汉朝而来的风

吹跑了

落满地面的灰尘

千年不变的爱

骑一匹马

徐徐而来

用诗从容捻一缕时光
为一条心底的线
坚守一生
……

弥坚的心

有山
才有水中的影子
有一天山不在
影子也随之而去
曾经的痕迹
一同掩埋

没有呼吸
时间静止了

一声古老的叹息
穿过浓密树叶的间隙
落下来
一声嘀嗒
落在昼夜不舍的
意味里……

春节临近，任善海被批准回来过年。晚上，任善海到艾雪家来吃饭。

艾雪说："饺子来喽。"端上热腾腾的饺子。

任善海拿出一摞信，双手捧给艾雪看，说："艾雪，我珍藏了。"两人相视一笑，卞冬也笑。

聪明的卞冬眨眨眼，说："真香，我还闻到了另一种味道。"

任善海和艾雪同时问："什么味道？"

卞冬说："就是两人不在一起，心却没有片刻远离的幸福的味道。"

第五十四章

爱，夜与明

艾雪和任善海聚少离多，艾雪克服孤单与独自带孩子的困难，努力工作，理解并用实际行动支持任善海。艾雪即将被提拔时遭遇竞争对手的暗箭，凭对任善海的了解，艾雪知道任善海在身边一定会信任并替自己遮风挡雨，但为了不耽误任善海的工作，经过一番纠结，艾雪决定自己扛起这件事。一直暗恋艾雪的李慕白提出要帮助艾雪，艾雪读懂了他的潜台词，拒绝了。在讥讽中，艾雪一如既往地努力工作，还跟年轻同事分享自己的工作心得。当遇到突发事件时，艾雪不顾个人安危，第一个站出来，经过多方的努力，化解了一次危机，保护了群众的生命财产安全。单位经过调查还艾雪清白，艾雪获得提拔。竞争对手作风有问题，艾雪不计前嫌，用自己的切身经历去帮助她。

任善海不在艾雪身边的日子，艾雪给他寄去了一封又一封信。他们虽然身处两地，但感情却不因距离而消减，艾雪写的那一封封情真意切的信，表达了她即使遭遇挫折、面临困境，也要坚守爱情的信念。艾雪写下一首诗：

本来样子

我知道
白月光
已将岁月染得斑驳
甚至覆盖一层尘土

我知道
仰起脸 那泪
不会流回去
一朵朵的疼痛
流进土里

大地是那么宽广
只是轻轻抚慰
从来不说什么

可是
我知道，我知道呀

你伸出了手
我也伸出了手

清清的水
洗去尘土
里面映出一朵莲

和你在一起时

灵魂是干净的

而且会一直干净下去

因为，这才是我本来样子

……

　　艾雪是在身体发胖的时候和任善海恋爱的，艾雪知道，任善海看重自己的德才，而不是容貌。两人热恋时，每天早晨通电话，任善海为了让艾雪更加健康，引导艾雪锻炼身体。时间久了，艾雪养成了健身的习惯，不用任善海督促，艾雪自己就运动起来。任善海激发了艾雪对生活的热爱，艾雪觉得应该做最好的自己。任善海指点艾雪说："管住嘴，迈开腿，就能减肥。"艾雪严格按任善海的方法去做，经过大半年时间，艾雪瘦身成功。她穿上旗袍，显出凹凸有致的身材，加上古典的气质，别有一番韵致。自从不和艾钢炮、魏珊一起住了以后，艾雪常给自己买一些漂亮衣服。虽然艾雪都是在打折的衣服里挑选，价格都不算贵，但艾雪的眼光好，挑的衣服都很有质感。艾雪的衣品越来越好，婀娜的身材，优雅的气质，加上得体的服饰，人们都说艾雪越来越漂亮了。

　　艾雪给任善海写道：

不做光的影子

我绝不做

没光时就离开的影子

我做就做

最好的自己
即使亮光微弱
也要用尽全力

我绝不做
没光时就离开的影子

无论处于高处
抑或低处
我都会为你留一盏
温暖守候的明灯

让阳光洒满
让温馨弥漫
整个房间

我绝不做
没光时就离开的影子
你若不离
我永不弃

珍惜
才是人间
最美、最真、最贵的
珍宝
……

一次，艾雪填表格时需要证件照，便去照相馆拍照。艾雪和摄影师开玩笑说："现在照相应该能照出一些岁月的痕迹了。"拿到照片后，艾雪发现头上出现了好多白头发。从不染发的艾雪特地照了照镜子，看到自己只有几根白头发。艾雪去问照相馆的人这是怎么回事，照相馆的人说："这是光线的事。"艾雪把这张满是白发的照片用微信传给了任善海。看到照片，任善海一惊，原来头发微黄的艾雪怎么突然满头白发了？一段时间不见，身体出什么状况了吗？任善海着实放心不下，和艾雪通电话了解情况后，才放下心来。被关爱的艾雪，心里暖暖的。联想到前夫对自己的伤害，艾雪再一次感叹，自己这次选对了人。她感动地写道：

我做的最大的事

把两鬓轻若白云
的样子邮去

你邮来
拉长声线的一声
"守望你一生，青丝变白发"

那一声一声 扯出
点亮我人生的
最美灵魂

只要一想起
心

就暖出一朵泪花

有你
每天都是好日子

爱你
就是把爱情献给爱情

这是我一生
做的最大的事
……

　　直到见到艾雪本人，任善海才确信艾雪只有几根白头发，身体状态挺好的。艾雪想：任善海真的是带给自己温暖阳光的人。

第五十五章

爱，夜与明

　　时光荏苒，转眼间，艾雪又换了一位单位领导——诸葛明。有一次，艾雪因为肚子不舒服，在单位吐了，看到的同事以为艾雪又怀孕了，告诉了刚来的诸葛明。诸葛明知道，以艾雪现在的年龄，她属于高危妊娠，应该给予照顾。于是派办公室主任去看望艾钢炮和魏珊，让艾雪在家休养。魏珊逮住机会，添油加醋，狠狠地损了艾雪一顿。不过诸葛明毕竟是诸葛明，当回来的同事原原本本地把魏珊的话转述了一遍后，他说："一个好人，如果所有人都说他好，那他就不能称为有原则性的人。"第二天，艾雪看见多日不见的艾钢炮独自来自己单位，他进了办公室主任的房间，关上门，和主任说了好久。艾钢炮走后，艾雪和办公室主任交谈，从他的态度与言语推断，艾钢炮跟他说了一些家里的情况，而且，艾钢炮还说艾雪是工作狂，她没有怀孕，让她工作没问题。

　　正值年初，艾雪想：此时没有其他的议题，自己想做的专题调研可以趁此时间认真完成。而且，领导提倡开展宣传和理论研究工作，做好成果转化，实现工作创新发展。当时部门领导的心思在别处，办公室里的事都是艾雪动脑筋去解决。由于专题调研这事可松可紧，不是硬性任务，领导也没当回事，既不表示支持，也不表示反对，由着艾雪自己去做。

艾雪先找到本区域的宣传方面的领导，宣传方面的领导和艾雪在一个办公楼，经常鼓励艾雪创作。到了他的办公室，艾雪先汇报了一下创作方面的事情。那部哥哥让她写的魔幻歌舞剧，需要推广出去。这个领导表示推广方面的事他可以帮忙。然后，艾雪说明调研题目，得到几个当地有关方面专家的联系方式。

回到自己的办公室，艾雪当即和有关专家联系，请几个专家出来坐坐，边吃边聊，他们都提出了自己的意见。然后，艾雪在查阅了相关法律法规的基础上，走访了相关文物单位。很快，艾雪撰写了《关于城建与传承历史文脉相结合的调查与思考》。艾雪想的是：城市应该将古典元素与现代元素融合。对于应怎样融合，艾雪提出了具体的建议。由于文章有新意，当地的日报分上下两期登出四千多字的文章。艾雪到上一级单位去送自己的诗集时，把这篇文章的大概内容说了一下，上一级单位的负责人听后说艾雪的想法很新颖。

单位领导在会议上不点名地对艾雪的工作进行了肯定，要求大家今后深入调研，多提些方向性的、大局性的、前瞻性的好的建议……

有些女同事和艾雪家离得较近，有时一块走，亲眼看见艾雪和艾钢炮、魏珊一块住时，自己舍不得穿，却舍得给魏珊买很贵的名牌衣服，把她打扮得光鲜亮丽。有一次，艾雪花五块钱给自己买了份饭，魏珊不大乐意，教育艾雪要学会过日子，不能吃这么贵的东西。但艾雪却舍得请魏珊品尝饭店的美食，魏珊很喜欢吃美食，只不过吃过后，又说自己记性不好，不记得吃过什么好吃的了。魏珊的朋友来看她，艾雪主动掏钱替母亲请客，光艾雪的同事就撞见好几次，同事还见过艾雪在自助银行取钱给母亲。现在，魏珊反咬一口，说艾雪不孝顺，还跑到艾雪单位说把艾雪送进了精神病院，知道点情况的同事很气愤，说：
"子不教，父之过，父母作，谁之过呢？"他们劝艾雪："这样的父母，
以后就当亲戚走得了。"

艾雪深刻体会了被算计的伤痛，那种痛痛彻心扉，如果当亲戚，
确实少了许多是非与伤害。但是，不行啊，谁让他们是自己的父母呢？
艾雪想起了舜。《史记》中记载，舜的父亲是个盲人，舜的生母去世后，
父亲又娶了一个妻子，并生了一个儿子。父亲喜欢后妻的儿子，总想
杀死舜，舜一有小过失就要被严厉惩罚。但舜却孝敬父母、友爱弟弟，
从来没有怠慢家人。舜非常聪明，他们想杀死舜的时候，却找不到他，
但有事情需要他的时候，他又总在旁边恭候着。有一次，舜爬到粮仓
顶上去涂泥巴，父亲就在下面放火焚烧粮仓，但舜借助两个斗笠保护
自己，像长了翅膀一样，从粮仓顶上跳下来逃走了。后来，父亲又让
舜去挖井，舜事先在井壁上凿出一条通往别处的暗道。挖井挖到深处时，
父亲和弟弟一起往井里倒土，想活埋舜，但舜从暗道逃开了。他们本
以为舜必死无疑，但后来看到舜还活着时，假惺惺地说："你跑到哪
里去了？我们特别想你……"他们经常想方设法害舜，但舜不计前嫌，
还像以前一样侍奉父亲、友爱弟弟。后来他的美名远扬，尧帝把两个
女儿嫁给他，并让位于他，天下人都归服于舜。

艾雪想：从小到大，母亲几次想害我，不也没有得逞吗？当然，
她之所以没受到伤害，不是因为自己聪明，而是因为遇到的好心人多，
加上自己生命力顽强。而且，艾雪的父亲虽然怕魏珊，但是从心底里
盼着艾雪好，是爱艾雪的。艾雪觉得，魏珊虽然害过她，但她不也活
蹦乱跳地活着吗？虽然自己像小草一样长大，但毕竟长大了，魏珊也
有养育之恩，就冲这一点，她也应该孝顺魏珊。只是艾雪想：孝不是
包庇，王子犯法与庶民同罪，若魏珊触犯了法律，应依法处罚。

艾雪和任善海联系时，任善海让艾雪谈对母亲的看法。艾雪说："孝

顺母亲是责任，不应因为她对我不好而放弃了自己的责任。"

任善海的母亲活到一百一十多岁，任善海是一个大孝子，为了照顾生病的母亲，他可以从城市赶到农村，衣不解带……母亲在世时，任善海工作再忙，每晚也会给照顾母亲的亲戚打一个电话，而且每月都会抽出时间驱车四五百公里，去看望老母亲。

任善海对艾雪的回答很满意。连艾雪前夫的母亲奚连美在世时都说："雪雪好，雪雪这孩子心眼好……"对艾雪的善良，奚连美深有感触。卞晓的姐姐埋怨奚连美："像妹妹这样的，刚出生就应该把她掐死。"她嫌有这么个妹妹给自己带来麻烦。奚连美和卞晓的父亲最放心不下的是卞晓的妹妹，卞晓的姐姐高中毕业，没考上学，卞晓的父母想让姐姐调到离妹妹较近的医院当护士，可以借机照顾妹妹。虽然姐姐很想调到那家医院，但一听说让她照顾妹妹，干脆连调动都放弃了。妹妹智力有问题，父母自然多照顾一些，姐姐对妹妹有些嫉妒，总是和妹妹攀比，一攀比，越发觉得父母偏心，为此，对父母生出一些意见。而当公公婆婆要给艾雪点什么时，艾雪总是说："我们过得还可以，应该多照顾照顾妹妹。"而且表示："兄妹就是应该互相帮助，请父母放心，照顾妹妹我们也有责任，有我们，妹妹掉不到地上。"公公去世后，姐姐姐夫和妹妹妹夫为了争房产，闹得你死我活。艾雪不仅不让卞晓要家里的房产，妹妹家买房时，还给了她一万元。妹妹家在小城镇，一万元几乎是他们房款的三分之一。

但艾雪却因为自己的善良一次又一次地被魏珊伤害。

第五十六章

爱，夜与明

艾雪经常拿着东西去看已经租房住的艾钢炮、魏珊，坐在一起，总要聊几句。艾钢炮还是记挂着艾雪，总问她一些情况，魏珊的耳朵特别好使，看似不经心，实则在一旁竖着耳朵听。

这一天，艾雪又到了艾钢炮和魏珊住的地方，无意中说起同学微信群里很热闹。原来，艾雪的一个长得像假小子的女同学，建了一个中学同学微信群。坐公交车时，那个女同学和艾雪偶遇，得知艾雪现在的一些情况，对艾雪很热情，艾雪送了本诗集给她。她建了群后，想拉艾雪进群，艾雪一是当时还不能熟练使用微信，二是比较低调，不是很喜欢热闹，所以迟迟没有进群。那个女同学就让和艾雪住在一个楼里的另一个女同学，在艾雪运动时，堵住艾雪，拿着艾雪的手机，把艾雪拉进了同学群里。一开始，艾雪不大发言。有一天，一个同学发到群里一幅摄影作品，同学们起哄让艾雪配诗，只几分钟，艾雪就配好了一首有点韵味的诗。那个女同学要把群主的位置让给艾雪。艾雪并不是一个爱出风头之人，赶紧推了。一天，建群的那个女同学给艾雪打电话说："我们一起吃个饭吧。"女同学吃饭不用喝酒，就是聊聊天，没有那么多讲究，再说又是多年不见的同学，艾雪就答应下来。三个女同学聚在了一起，吃过饭，艾雪抢着去结了账。

艾雪只无意中说了一句有关同学微信群的话，魏珊就追问："群里都是什么时候的同学？"看魏珊问话的神情，艾雪隐隐觉得魏珊想做点什么，但转念一想：母亲可能只是好奇问问，再说，群里都是好同学，母亲能做什么呢？于是，一向习惯实话实说的艾雪小声说："是中学同学。"

艾雪的感觉是对的。艾雪猜测，那个主动和自己拉近乎的女同学可能受到了魏珊的忽悠。艾雪那个女同学是在魏珊所在的学校上的小学，魏珊看着她长大，当然熟悉她。她长得像假小子，心思却很细，被魏珊说动了。听说艾雪的对象任善海可能是个大人物，以为艾雪工作顺利是由于任善海的帮助，她觉得只要能攀上大人物，自己就能获得好处甚至提拔。那个女同学的姐姐急忙阻止她昏了头的想法。但那个同学人到中年，利令智昏，还是选择了相信魏珊的指点。于是，为了自己所谓的利益，她对艾雪发难。猝不及防的艾雪，立马认清血淋淋的现实：自己被人利用了，被利用的同时还被捅了一刀。艾雪只得应战。她在微信群里，并不是孤身一人，虽然那个女同学拉了些帮手，但道义在艾雪这儿，一番厮杀后，艾雪险胜。以为通过打击艾雪能接触到任善海的那个女同学，在任善海那儿也碰了钉子。艾雪对任善海说了有关那个女同学的事，任善海说那个女同学脑子出了问题，让艾雪退出那个同学群。卞冬也知道了这事，气得立马帮助艾雪退了群，而且把那个女同学的微信也删了。那个女同学没想到艾雪做事这么干脆，还在短信里说："你把我删了吗？我才知道，我们现在不是朋友了。"艾雪想：她已经走向了我的对立面，还有脸谈朋友，难道朋友只是被用来利用的吗？那个女同学不仅没得到好处，还被单位辞退，悔得肠子都青了。她又找到魏珊，魏珊说她和假小子似的，不可能成功。那个女同学这才明白，原来魏珊之前是在忽悠她。那个女同学厉声叫着，冲向魏珊，亏得被别人拉开，魏珊才没挨打。

　　经过选拔，艾雪参加了省里组织的青年作家诗歌高研班。课下，在离徐志摩罹难地很近的地方，学员们边散步边聊天。有人说："诗人是寂寞的，尤其是女诗人。"艾雪联想到教授说的"寒烟的诗是苦的，艾雪你写的诗是甜的"。随后艾雪又想起一些事，有段时间艾雪要加入一个诗歌协会，打电话去询问相关事宜。一位主任接的电话，那位主任是北京人，好像在诗歌界很有威望，两人聊着聊着，不觉半个小时过去了。那位主任说，欢迎艾雪加入协会。后来，艾雪收到了从北京寄来的会员证。因为诗歌方面的一些事情，艾雪又和那位主任通了几次电话，并加了微信。听说艾雪有可能去北京办点事情，那位主任热情地说："你在北京人生地不熟的，我可以去接站，送你到办事的地点。"为了避免接站时认错人，艾雪和他进行了一次视频聊天。虽然最后艾雪没有去北京，但两个人有事时就联系，过年时也互相拜年。那位主任很支持艾雪的创作，并说他可以从创作方面帮助艾雪……有一次，两人聊天时，艾雪说："主任，我把材料寄去了。"主任开玩笑地说："寄什么材料啊？把你寄来得了。"艾雪意识到什么，虽然她对主任印象不错，但也只是把他当成朋友。自从有了任善海这个爱人，艾雪再也不想接受别的感情。同学之间交流时，有个写小说的作家说："写小说时，要是你在那儿晒幸福，根本没人看。若你写他离了七次婚，他怎么离婚的，一定会引起别人看下去的兴趣。"回到宿舍，艾雪陷入纠结之中。艾雪热爱写诗，但有句话说"饿死诗人"，大多数诗人不挣钱，仕途也与写诗无关。但艾雪依然坚持创作，她把诗歌与自己的生命融为一体，她写下一首短诗：

诗歌之死

诗是我的命
若诗的器皿里盛不了我
我愿
倒地而死

艾雪想到：诗歌之死并不是真的死亡，而是置之死地而后生，不能去走所谓能带来荣华的歪门邪道，而要提高对生活的感悟能力，提高把握诗歌创作技巧的能力。艾雪跟孔老师学诗时，孔老师说："我不帮你发表诗歌，因为一旦发表，你可能会因满足而进步得慢了。你努力地写，也许发得越晚，写的水平越高，对你未必不是一件好事。世上每个人都有自己的发展时区，走在自己的时区里……踏踏实实、认认真真地去写诗，坚持底线，总会迎来自己绽放的时间。用诗歌之死，换来诗歌永生……"

艾雪跟艾钢炮和魏珊说了去诗歌高研班学习的事情。魏珊问："都有谁？"艾雪想起一个比儿子大四岁，和儿子名字同音不同字的同学，随口就说了句——卞东。艾雪随口这么一说，又让魏珊开始做起了文章。

魏珊通过她的老同学，查到了卞东的单位，看到英俊洒脱的卞东，又是一通忽悠。

有所察觉的艾雪气愤地向任善海诉说着："我母亲明明知道我对你有很深的感情，明明知道我的所想所盼、所思所念，却还故意往别的方向引……"

任善海找到了卞东，把一张卞东和艾雪在一起的照片交给了卞东，并如此这般地交代了一番。

卞东不仅诗写得好，口才也极好。当魏珊再次找到他时，他按照任善海的叮嘱，讲他和艾雪感情如何如何好，哄得魏珊信以为真，以为自己又一次得手了。

第五十七章

　　有一年，各单位都在搞群众路线教育实践活动，艾雪单位也不例外。那时，同事之间往往一团和气，老好人最容易得到群众投票。柔弱的艾雪显出刚强的一面，艾雪说："有人说，傻子才真给别人提意见，我就要当这革命的傻子。"艾雪就自己了解的有的同事存在的问题向领导进行了反映。知道艾雪向领导反映自己的问题后，一位同事在开会时，故意给艾雪"点眼药"，孤立艾雪，想以此堵上艾雪的嘴。艾雪对此不以为意，坚持自己的观点，希望那位有问题的同事，认识到自己的错误，并予以改正。艾雪单位的领导知道了这事，又组织别的同事有策略地对那位同事进行教育。其实，那位同事本来就觉得理亏，知道自己错了，只是害怕受处分，才跟艾雪对着干，如今，他已经改正了错误。知道那位同事已知错改错后，艾雪很高兴，对他的态度也热情起来。艾雪认为，人非圣贤，孰能无过，既已改正，就应像对待其他同事一样对待那位同事。经过一段时日后，领导考察干部时，艾雪认为，那位同事工作能力强，又端正了思想，艾雪投了他一票。那位同事知道艾雪是真的为他好，他从心里感谢艾雪的提醒。

艾雪还向领导反映了她所在部门领导身上所存在的问题。听说这件事后，部门领导气得回到办公室嗷嗷叫。魏珊知道艾雪办公室的电话，办公室里只有部门领导和艾雪两个人办公。一次艾雪不在，魏珊打来电话，部门领导接的电话，聊了几句后，魏珊鼓动他吓唬艾雪，让艾雪再也不敢反映他的情况。

艾雪每天都操心着工作，而部门领导的任务好像就是吓唬艾雪。一天，艾雪一打开电源开关，顿时火光四射，着实吓人一跳。艾雪叫来维修人员修好了。

艾雪刚从魏珊在家里营造的惊悚气氛里解脱出来，又落入部门领导营造的骇人氛围中。

实在忍无可忍的艾雪找到了有关领导说："没想到光天化日之下，竟有这种用黑社会手段吓唬下属的事情发生。"有关领导当即表态："你不用怕，这种事情再也不会发生。"

过了一段时间，部门领导被免职了。

一天，艾雪去理发店理发。当椅子转动的一瞬间，艾雪愣了，她看到了一个七十多岁，非常优雅、高贵的女士，艾雪发现自己长得十分像她，鼻子、嘴、脸形都像，尤其是笑起来的样子，艾雪觉得自己的笑容有些独特，可是这种独特竟和这位女士那么像。艾雪想不到，从未见过面的两个人会如此相像。从那位女士的话里，艾雪知道她在打听一个人的情况，而那个人的情况和自己异常相似……只是那位女士很快就走了。此后，艾雪常来这个理发店理发，却再也没有见到那位女士。

这是怎么回事？

艾雪把前前后后的蛛丝马迹联系起来想：魏珊一向对自己不好，难道她不是自己的亲生母亲？那位女士怎么和自己如此相像？她打听的那个人是不是自己？她会不会和自己有血缘关系？

第五十八章

爱，夜与明

艾钢炮上高一时，家中发生变故，里里外外很能干的母亲被火烧死了。艾钢炮母亲的娘家在读书风气并不算盛行的鲁西南农村，虽家道中落，但艾钢炮母亲的娘家人却认为：不管怎样，都要供孩子们读书。孩子们都去读书了，在学校接受了进步思想，先后都入了党。

可能是受娘家人的影响，艾钢炮的母亲既能一个人在短时间做出十几个人的饭，又能在大事上说出有见地的意见。供艾钢炮的哥哥读书后，艾钢炮的父亲为避免家里经济紧张，就不想让艾钢炮读书了。因艾钢炮的母亲极力主张让两个孩子都读书，艾钢炮才得以上学。艾钢炮学习很好，当年艾钢炮上的学校只有两名学生考上中学，其中一名就是艾钢炮。在中学时，艾钢炮更是显出了极强的学习能力。后来得益于读书考学才来到城市的艾钢炮，提起母亲，总是感恩加佩服。艾钢炮的母亲的厉害之处还表现在另一件事上。抗美援朝时期，艾钢炮的母亲笑着给艾钢炮的哥哥披上红花，送他去了战场。送走艾钢炮的哥哥，艾钢炮的母亲哭了。毕竟战火无情，艾钢炮的哥哥此去不知如何……这些艾钢炮的母亲都想到了，虽然她是农村女子，却也有着不差男儿的坚强。艾钢炮的母亲很善良，有人来要饭，她总是给人家饭食，让人家吃饱再走。邻居们需要帮助时，艾钢炮的母亲总是尽力去帮。手巧的她有闲时就做炊帚，见了熟人就送一两个……艾钢炮的母亲口才还极好，说话利落，做起事也利索。只可惜，一场火把艾钢炮的母亲烧死了。艾钢炮的父亲像失了魂似的，只有一个念头，艾钢炮的母亲去了，他也要跟着去……

过了一段时间，艾钢炮的父亲让正上高一的艾钢炮辍学了，害怕艾钢炮有别的想法，艾钢炮的父亲特地给艾钢炮剃了头，那意思是你就老老实实回家当农民。艾钢炮的父亲很老实，队里让他看粮食。那时候，一般家庭生活都很困难，艾钢炮家更是难上加难。艾钢炮的父亲只要拿一点队里的粮食回家，就可以让全家人活命，但艾钢炮的父亲认为，队里让他看粮食是对他的信任，他应该公私分明。他像爱护自己生命一样兢兢业业地看护队里的粮食。艾钢炮干农活很吃力，回家乡不久，组织能力很强的艾钢炮就组建了一所中学，艾钢炮担任校长。虽然只上到高一，但艾钢炮学习好，给上初中的学生讲起课来头头是道，深入浅出，引人入胜。艾钢炮觉得自己因为家里没钱没法继续上学，特别遗憾，因此对家庭困难的孩子，就免收学费。后来，能交学费的学生很少，学校入不敷出，只好关闭了。艾钢炮又当了农民，他觉得在浪费时光。听说上大学有国家的助学金，他想：为什么不能考大学呢？这个念头从艾钢炮脑海中闪过。要知道，艾钢炮只上到高一，那个年代，就是按部就班上学，能考上大学的也是凤毛麟角。艾钢炮被自己的大胆想法吓了一跳，但他又想：不试试怎么知道不行？于是，艾钢炮躲到一处废弃的小破屋里，困了就睡觉，醒了就看书，饿了就到地里刨个地瓜或萝卜吃，硬是用三个月的时间，自学功课，考上了一个机械学院。

在从农村到城市的车上，艾钢炮见到了魏珊。魏珊是被推荐到城市学幼师的。

此后，艾钢炮和魏珊就通起信来。思想进步的艾钢炮对是党员的魏珊很敬重。一次，艾钢炮来找魏珊，魏珊不在，艾钢炮就等了她一天。艾钢炮的执着打动了魏珊，两人确定了恋爱关系。

恋爱时，艾钢炮对魏珊作出了许多美好的承诺，婚后，艾钢炮一一兑现了那些诺言。由于深爱魏珊，艾钢炮对魏珊说的话都深信不移。

当艾雪的嫂子说艾雪的哥哥不是艾钢炮的孩子时，艾钢炮选择相信魏珊。不过，后来艾钢炮觉得艾雪的哥哥可能确实不是自己亲生的，他的心开始凉了。艾钢炮是爱魏珊的，他不想和魏珊离婚，只是魏珊渐渐得寸进尺，越来越过分。艾钢炮去找任善海诉苦，任善海也觉得魏珊过分了。

第五十九章

爱，夜与明

　　魏珊恨不得艾钢炮立即从人间蒸发，当听到某种药可以使艾钢炮的身体状况更糟时，魏珊立即喜出望外。艾钢炮看在眼里，没想到自己对魏珊那么掏心掏肺，却换来魏珊的狼心狗肺。那个被魏珊忽悠，一直以为她像自己的母亲一样善良的艾钢炮，此时才悲凉地发现，自己这么多年都没有发现魏珊的本来面目。艾钢炮没有表现出过多的悲怆，他故意对魏珊说："那种药我们附近的医院就有，明天咱们一起去拿。"陪父母去医院这种事，艾雪总是跑在前面的。到了医院，众目睽睽之下，魏珊的险恶用心被揭穿。艾雪像从一个暗无天日的世界，走向朗朗乾坤。吐出一口气，艾雪发现头上的一朵朵白云很美，就连枯叶也好像在跳舞似的，艾雪浑身轻松。

　　艾钢炮和魏珊离婚了，由于魏珊是过错方，他们买的那套房产判给了艾钢炮。艾钢炮对魏珊说："给人家说说，咱们为什么离婚了？"魏珊脸色蜡黄，斜着眼看前方，一声不吭。

　　离婚后，魏珊无处可去，因为和艾雪的嫂子关系很不好，她又找到了正租房住的艾钢炮，两个人又住在一个屋檐下了。这些，他们都没告诉艾雪和周围的亲人。亲人们大都不知道他们离婚的事。

艾雪的哥哥工资高，还给人家搞设计，有许多外快，家里生活挺好的。卞晓认为，艾雪的哥哥应该和艾雪出差不多的钱，哪怕比艾雪少一点也行，一块赡养父母，反正老人走后，东西不都是艾雪的哥哥和艾雪的吗？但是艾雪的哥哥找出了各种理由，就是不拿一分钱，而魏珊也觉得儿子不应该拿钱，话里话外都向着他。卞晓就盯着艾钢炮和魏珊，让他们还艾雪的钱。艾钢炮和魏珊商量后，同意在他们新买的还未建起来的房子的购房合同上加上卞冬的名字。因为买房款中有艾雪用公积金贷款的钱和借给他们的钱，加起来四十多万，几乎占了房款的一半。这样，卞晓也就不再追究钱的事了。可是，艾钢炮和魏珊又想把房子卖掉，于是艾钢炮和艾雪签订了一个协议，表明如果新房子盖好需要卖掉的话，就将四十多万折现给艾雪。

艾钢炮和艾雪开始为在购房合同上加卞冬名字的事奔波。到最后一关，魏珊和艾钢炮都出面了。据魏珊说，他们可兴奋了，晚上没怎么睡觉。等排上队，需要办有关手续时，魏珊突然说："刚想起来，身份证没带，户口本失踪了，怎么找也找不到了。"艾雪说："妈，你年龄大了，这么折腾肯定累了，先在座椅上坐着休息，我和爸爸去找就行了。"魏珊已经把户口本藏好，觉得他们肯定找不到，自己稳操胜券，于是就让他们俩去了，自己则与旁边等候的人聊天。艾雪急急地打了辆车，载着艾钢炮回他和魏珊租的房子。在租的房子里，找到了艾钢炮的身份证，但户口本怎么也找不到。不知道这事能不能办成，但结果对艾雪来说并不是太重要，知道父亲是打心眼里想办这事，知道父亲对自己和儿子的亲情还在，对艾雪来说，这比什么都重要。时间快来不及了，艾雪轻声对艾钢炮说："不用再找了，我们不拿户口本再去试试。"

艾钢炮和艾雪一阵风似的又回到了大厦。魏珊早料到他们找不到户口本，和一位中老年妇女聊得热火朝天。艾钢炮和艾雪来到办证的窗口前，艾钢炮对办手续的人员说户口本没找到，但有身份证，同时，诚恳地表达了想加上外孙卞冬名字的愿望。细心的工作人员从原来交的材料里找出了户口本的复印件，结果，手续很快就办好了。魏珊意外地得知手续办好了，看着兴高采烈的艾钢炮和艾雪，魏珊脸色有些阴沉，无奈地看着艾雪说："你盯得很紧啊，没想到竟然能够办成了。"艾雪心想：哪里是自己盯得紧，是因为父亲真的想给办。

艾钢炮有糖尿病，最近血糖指标高得吓人。卞一听到这个消息，艾雪急问是怎么回事。原来，艾钢炮的糖尿病门规医疗证交给魏珊保管，魏珊说找不着了，艾钢炮就去补办，等办下来需要一两个月，这期间，艾钢炮就不吃降血糖的药，也不打胰岛素了。"这不是要人命吗？"艾雪说，"医疗证办不下来，这期间上药店拿点药先吃着也行啊。"这段时间，魏珊总说钱紧，害怕花钱的艾钢炮就不想去药店买，魏珊更不提。艾雪急得飞奔到药店去给艾钢炮买药。为了节约时间，卞晓开着车，和艾雪一起去送药。到了租住的房子，就在电视机下面的抽屉里，卞晓发现了魏珊说的失踪的医疗证。

第六十章

爱，夜与明

    魏珊不愿意住在艾雪哥哥给租的两室一厅的房里，执意要搬到她和艾钢炮唯一的现房——之前分的旧楼上去，那里条件不好。

    艾雪想按魏珊说的条件再给他们租房，并承诺给他们出租金的一半。艾雪的堂兄给他们找了一处房子，说可以不要租金，但是他们就是不去。眼看快到冬天了，旧搂没有暖气，他们怎么过冬啊？艾雪急得不得了。艾雪想：何不给他们买个空调？他们住的屋子有十五六平方米，一个空调足以让屋子暖和起来。说干就干，艾雪当即就去家电市场买了空调，安装时却遭到了艾钢炮和魏珊的反对。艾雪家正好也没来暖气，这一段时间就是用同样的空调取暖，于是艾雪请艾钢炮和魏珊去家里感受一下空调屋里暖不暖和。艾钢炮和魏珊惊奇地说："还挺暖和的。"艾雪又趁热打铁，找旧楼所在学校的传达室的工作人员说明情况，让他劝艾钢炮和魏珊同意安上空调。这样一来，他们总算同意了。于是卞晓出钱，找工人给安上了，怕屋外的水龙头冻裂，卞晓又给包了一层。工人走后，他们一试，觉得挺好。不过，事后魏珊说卞晓偷了她五千多块钱的东西，那五千多块钱的东西是保健品，理由是卞晓是大夫，知道保健品好。卞晓仿佛被一盆凉水从头泼下来，说："放保健品的那屋锁着门，我根本就没有进，再说，我也不吃保健品啊。"

那几年，在政府的调控下，房价稍稍抑制了上涨的势头，不过，房地产市场还是十分火爆。魏珊极力主张卖房，还给别人解释卖房原因："不卖不行啊，卞晓像黄世仁一样逼着我们还钱。"事实上，艾雪和卞晓推断，房价还可能走高，住个一两年等房价更高时再卖也不迟，于是不同意他们当时就卖房。购房合同上加了卞冬的名字，艾雪他们不同意，魏珊的房子就卖不成。焦急的魏珊一遍遍问艾钢炮，也像是在问自己："他们不会使坏，不让我们卖吧？"艾钢炮向卞晓重新申明了原来的承诺，卞晓和艾雪还是力劝艾钢炮等等再卖。这时艾雪的哥哥打来电话说："让他们卖吧，他们年龄大了。"艾雪和卞晓就不好再说什么。艾钢炮把九十多万买的房子卖了一百七十八万。买房的人也是正经实在的人，那天，艾钢炮、魏珊、艾雪的哥哥，以及艾雪、卞晓在旧楼和买房人见面了。买房人答应先付八十万，再付二十万，剩下的七十八万等拿到房产证时再付，不知道艾雪的哥哥是怎么想的，他主动把艾钢炮谈的房价一百七十八万降到一百七十五万，让艾钢炮少拿三万块钱。买房的人当然愿意，艾钢炮害怕因为这件事再卖不成，也只好默默地同意了。买房的人让艾钢炮家先开一个家庭会议，商量打给卞冬多少钱，艾钢炮多少钱。在开家庭会议时，魏珊逼着艾钢炮少给卞冬钱，最后艾钢炮除了还艾雪本金，还给了卞冬二十多万。不过，魏珊做主，又偷偷分给买房时一分钱没拿的艾雪哥哥十万块钱。

艾钢炮的糖尿病靠打胰岛素控制，然而，他和魏珊一致认为保健品好，是保健品保住了他们的命。艾钢炮和魏珊到大城市参加魏珊二姐的孙子的婚礼时，把打胰岛素用的针忘在了那儿。艾雪知道一天不打胰岛素，父亲的血糖就会上去，如若产生并发症，是很危险的。火急火燎的艾雪给艾钢炮打电话，说："爸爸，我会赶快去给你买打胰岛素的针。"艾钢炮也火急火燎地说："买打胰岛素的针有什么用啊，我需要钱买保健品，你给我买保健品的钱。"艾雪从电话里听到一旁的魏珊对艾钢炮的回答发出满意的笑声。艾雪的头嗡的一下就大了。定了定神，艾雪给二姨打去电话，让她劝艾钢炮去住院调理。

艾钢炮终于同意住院了，但对艾雪说他没有交住院押金的钱。艾雪说："爸爸，我给你。"好说歹说，艾雪终于带着艾钢炮来到医院，一量血糖，发现血糖过高了。魏珊也来了，和艾钢炮挤在一张病床上，艾雪负责交费、做饭（虽然医院里有饭，但艾雪为了给父亲增加营养，自己做饭送来），魏珊和艾钢炮一起吃。住了一段时间，艾钢炮的血糖一直降不下来，艾钢炮说医生医术不行。可是，艾钢炮住的是当地最好的一家大医院，而且，同病房的其他人血糖都逐渐趋于正常。艾雪注意观察了几次，发现魏珊总劝父亲吃能够升高血糖的食品，她对艾钢炮说："你不是正治疗着吗？要是医生医术高，就一定能让你的血糖降下来。"对魏珊递过去的食品，艾钢炮总是悉数吃下。艾雪对此焦急万分。一个亲戚来看望艾钢炮时说："怎么不请个护工啊？"这句话使艾雪豁然开朗。

艾雪找哥哥商量请护工的事，哥哥却明确表示反对。艾雪见到卞晓，说："必须得找个护工，不然光让妈妈照顾，不仅不见效，反而会害了爸爸。"知道请护工的钱肯定又是艾雪出，心疼钱的卞晓趁着艾雪去医院送饭，偷偷给艾雪的哥哥打了个电话，让艾雪的哥哥阻止艾雪找护工。艾雪刚进医院，哥哥的电话打来了，他说："你要是在医院里惹妈妈生气，我跟你没完。"威胁的话语像一根铁棍子直直地砸来。魏珊听说后，得意地笑了。艾雪的眼里没有一滴眼泪，只是坚毅地望着前方，更加铁了心要给父亲请护工。老家的亲戚来看艾钢炮时，艾雪说了要请护工的事，并且表示自己拿钱，理由是父亲病了，不能再让母亲累着。亲戚一致觉得艾雪这个方法好，都劝说魏珊同意请护工。

艾雪对魏珊说："妈妈，医院里这么多病人，空气肯定没有外面好，常在医院里对健康的老人身体不好。你放心，请了护工照顾父亲，我来照顾你，保证让你吃得舒舒服服的。"请了护工后，艾雪劝魏珊离开了医院，艾钢炮的血糖一天天往下降，终于可以出院了。

　　艾钢炮出院后，就和魏珊一起住在了旧楼。艾雪给艾钢炮买了血糖仪监测血糖，结果没过多久，艾钢炮就说找不着了。艾雪又给他买了一个新的送去，发现出院后的艾钢炮不按时吃药、打针，饮食也不规律了。没办法，艾雪想让旧楼所在学校的传达室的工作人员按时提醒一下艾钢炮吃药、打针的事，但是还没来得及实施，又出事了。

第六十一章

爱，夜与明

　　一个周末的晚上，艾钢炮、魏珊、艾雪的哥哥以及艾雪凑到了旧楼里。艾钢炮卖房子的前期得款，除了还艾雪的钱和给卞冬的钱，还给了艾雪的哥哥十万元，此外还将一部分钱还给了亲戚，剩下的钱由艾雪的哥哥保管着。还有七十五万，买房的人没有付给他们，说是等办了房产证后再给。艾钢炮和魏珊告诉艾雪的哥哥，所有借亲戚的钱都还完了。突然，艾钢炮对艾雪的哥哥说："再从剩下的房款里拿出一部分钱来，还你母亲的同学。"艾雪的哥哥急道："怎么又要还钱了？"艾钢炮理直气壮地说："这是刚借的。再说，我们没有用你们的钱还欠款，就算对得起你们了。"艾雪的哥哥腾一下站起来，急说："道理不是这么讲的。"艾钢炮也猛地一下站起来，想从气势上压过艾雪的哥哥。艾雪的哥哥毕竟是中年人了，再也不像小时候那样惧怕艾钢炮了，自顾自地大声说着自己的道理。平时说话声音本来就大的艾钢炮这时也提高了嗓门，脖子上青筋暴起。两个人吵了将近一个小时才罢休。

　　第二天一大早，艾雪就跑去盯着艾钢炮测血糖。魏珊慌慌张张地给刚刚迈腿进屋的艾雪看艾钢炮吐出的黑黑的东西。艾雪一惊，对躺在床上的艾钢炮说："爸爸，起来测血糖了。"艾钢炮好像已经起不来了，只说了一句："我想睡一觉。"艾雪去拉他，哪里拉得动。艾雪吓得带着哭腔给哥哥打电话说："爸爸病了，我拽不动他，哥哥你快来。"艾雪的哥哥说："我现在过不去，你先打120把他送进医院，我等会儿就过去。"艾雪急急地拨打120，不一会儿，救护车就来了，医护人员用担架把艾钢炮抬上救护车。车上的人说："最好的医院的急诊室可能没床位，附近的一般医院有空床。"魏珊说："那就拉到一般医院吧。"不甘心的艾雪说："你等一下，我打一个电话问一下。"艾雪赶紧给正在外地做手术的卞晓打电话，卞晓说："你就往大医院送，按规定医院不敢不收，没有床位就是加床，或有个座位，也得把病号收进来。"艾雪立马对120急救车上的人员说："送大医院。"

到大医院一检查，医生发现艾钢炮脑干大面积出血，艾雪的哥哥对艾雪摇摇头，说："完了，爸爸没救了。"

艾雪衣不解带地守在医院，卞晓给在医院里的人买饭，艾雪的哥哥去准备丧葬事宜。第五天早晨，艾雪的哥哥到医院替了下艾雪，他停了抢救措施。当天下午，魏珊在亲戚的搀扶下再次来到医院。艾钢炮被宣布死亡。

艾雪突然觉得四周空落落的，她不相信父亲就这样去了。一次，艾雪和哥哥一起去给艾钢炮扫墓，艾雪脱口而出："爸爸，我总觉得你还活着。"一旁的哥哥听到这句话猛地一惊，显得有些慌乱。艾雪接着说："可是我再也见不到你了。爸爸，人间的福，你还没有享够。"听艾雪这么说，艾雪的哥哥恢复了常态，和艾雪一起在艾钢炮的墓前哭了起来。艾雪确实再也没有见到艾钢炮，每每看到背影像父亲的人，艾雪就紧跑几步，到前面再看，当然都不是艾钢炮。但艾雪总是感觉父亲还活着，在某一个地方，生活得好好的。

艾钢炮去世后，大姨的孩子和艾雪的哥哥商量着把魏珊接到了大姨所在的养老院。这是一家青岛养老院的分院，魏珊和艾雪的大姨住在一室一厅里，屋里有洗手间和厨房，还有可以放茶杯的小桌，阳光暖洋洋地照进来，连窗帘都是新的，选的花色比较洋气，透着温馨的气息。条件这么好，每月只要一千七百块钱。大姨家有六个孩子，每家轮流去养老院照顾两个月，轮到谁家时，或是住在那里，或是每天去。艾雪和艾雪的哥哥一个月去看望魏珊一到两次。

但是魏珊觉得还是在艾雪家住得舒服，她让她的同学和艾雪二姨给艾雪施压。艾雪本不想把家里发生的事跟外人说，被逼无奈，艾雪说了实情。她说自己本来想让母亲在自己家养老，但被母亲制造的恐怖气氛吓破了胆，不敢和她一起住了，她可以用别的方式孝顺母亲。听到这种情况，人家就不劝了。但魏珊还不死心，她找了个借口让艾雪的哥哥把她接回当地，一回来，艾雪的哥哥就把她送进了定点医院。于是艾雪变着法地做好吃的，去医院照顾魏珊。卞冬正在放假，也抢着去照顾。然而，魏珊跟一同住院的病友说起话来，却很激愤。因为她想去艾雪家住，她明里暗里提醒艾雪，艾雪却总是避而不谈。为了给艾雪施压，魏珊鼓动病友替她出头，结果无人替她说话。魏珊想教训一下艾雪让她就范。于是，卞冬每次来，魏珊都横挑鼻子竖挑眼的，指使卞冬给她做这做那，态度极差。艾雪有心替卞冬干活，魏珊却不让。从医院出来后，卞冬反而安慰艾雪："妈妈，你别生气，姥姥只是年纪大了。"看着逐渐长大，变得越来越豁达的儿子，艾雪欣慰地笑了。

第六十二章

爱，夜与明

艾雪单位又来了一位女领导，名叫王响，五十来岁，脸色有点暗，脸总像洗不干净似的，眼睛倒不小，看人总像是瞪人，眉毛总拧着，鼻子和嘴很普通，五官总体来说不精致，像是谁不经意间，粗粗拉拉地随便画到她脸上的。她个头不算矮，喜欢大声说话，甚至会被人误以为是个男同志。王响很爱出风头，来了不久，不管是开大会时还是私底下，总爱大声发表看法。艾雪对单位的每个人都很尊重，包括王响。王响刚来，艾雪就向她伸出了友善之手，总是力所能及地去帮她。

过了一两年，不知怎么，王响对艾雪却不那么友善了，总是暗暗地想找艾雪的毛病，让她出丑。后来发生的一些事表明，王响嫉妒艾雪。艾雪虽然是非领导职务，但级别很高，王响妄想取而代之。可是如果走正常途径去参加考试，依王响的水平，显然考不出很好的成绩。可是王响每天看着艾雪进进出出，就在自己眼前晃来晃去，那份嫉妒心，怎么掩也掩不了，怎么埋也埋不掉，越按越长，直至长得有些疯狂，使她顾不了那么多了。于是，王响开始行动了，正的不行来偏的，明的不行来暗的，大的不行来小的。王响命令她办公室的另一位同事，在坐座位时，暗示大家都不要和艾雪坐在一起，让她成为孤家寡人。不过，这种小儿科的把戏，很快让一个和侯三元熟识的同事给识破了。

那次去北戴河学习时，那个同事、王响、艾雪，还有其他四位女士，共七个人住在北戴河一个楼里。带队的男同志热爱文学，读了很多名作，很有文学底蕴。聚餐时，他端起酒杯，说："现在我们要面朝大海……"艾雪接口说："春暖花开。"带队的男同志要求每个人说一段祝酒词。轮到艾雪时，她张口就做了一首短诗：

洒下一路心语

雨滴

汇成小溪

去看海

你是大海衣襟上

别着的浪花呀

拍起知识的惊涛

洒下一路心语

而王响只是大口地喝着酒，像一个男同志一样张狂地大笑着……回到住的楼里，天色还早，艾雪发现楼梯拐角处放着一架钢琴，她顺手弹了三支曲子——《献给爱丽丝》《四个小天鹅舞曲》《风笛舞曲》，节奏明快，优美动听，女士们不禁驻足聆听……王响则吆五喝六地叫着人一起打扑克。第二天，大家到大教室听课学习，王响又动了用坐座位的方式孤立艾雪的念头，正挖空心思地设计时，被与侯三元熟识的同事嘲讽了一番。结果，想孤立艾雪的王响反而被孤立了。课余时间，大家结伴在院内拍美照，往刚建的北戴河学习群里上传照片。看到一位女同事的照片，两三分钟后，艾雪写出了一首短诗：

采蘑菇

采一片地上的云
放进明天

找一束阳光
热了夏日的思想
和着缕缕清香

看到与侯三元熟识的女同事上传的照片，艾雪写出一首打油诗：

学余休闲
——打油诗之一

马导又导新影片
七仙女子下凡间
风景宜人是罕见
十全十美全无憾

王响看到艾雪的诗里有马导二字，就说有个女同事长得像某男导演。艾雪反驳说，她指导大家照相的才华更像导演。

又一张照片被上传了，艾雪又写了一首打油诗：

学余休闲
——打油诗之二

四美似仙又似云

飘飘洒洒落凡尘

庭院深深深几许

风雨欲来不留痕

学习之余，七位女同志来到运动馆。与侯三元熟识的同事潇洒地打起乒乓球，直打得王响满地找球。一番唇枪舌剑后，王响处于下风。

学习快结束时，几位女士一起吃午饭。艾雪说："君子和而不同，小人同而不和。"接着，艾雪一针见血地指出王响的错误之处。平日温和的艾雪板下脸来，在她强大的气势下，王响丢盔弃甲，败下阵来。

回去的路上，艾雪写了一首短诗：

笑意满心间

潮湿的风

蘸点盐

便有了海的味道

带着笑

又是一片朗朗的蔚蓝

前几年，为了显得自己有本事，握着点权力的王响找了个情人，致使王响的丈夫凉了心。两人虽没有离婚，却分房而睡，貌合神离。

王响本来以为这事神不知鬼不觉，没想到，领导对每个人的情况都摸得清清楚楚，只不过一时没有作出处理。王响这一闹腾后，领导就把这件事一并处理了，给了她一个处分。

回到当地，王响消停了一段时间，可是黄粱一梦是那么诱人。王响认为，都是因为自己没有较大的权力，所以挨处分，如果权力再大点，谁又敢把自己怎么着呢？有了权，就可以有钱，有了钱，想怎么享受就怎么享受……消停了一阵的王响为了自己的疯狂念头，又一次赤膊上阵了。

面对疯狂的王响，侯三元坐不住了。他虽没有和艾雪成为夫妻，但却成了不是兄妹胜似兄妹的互相关心的人。对帮助自己的侯三元，艾雪写道：

默　契

你从遥远的路上
疾驰而来
关上
乱蓬蓬　季节的门

不用过多言语
我知道
这就是
默契

我沉默
并不等于

我不知道

蓝天

让变化了的云

化成保护大地的雨

村子里的人

像亲人一样

走着

驱走黑暗

太阳的印章

在天上

让我眼前一亮

深吸一口气

铺开生活

写诗

　　睿智的任善海在这件事上，再次显示了他的智慧。他对诸葛明如此这般地说了一个计策，再加上诸葛明的发挥，一场好戏上演了。

第六十三章

爱，夜与明

又要到北戴河学习了，这次是诸葛明带队。理论学习方面，既有政治课，又有国际国内形势课，还有讲如何创新工作方法的课。课程内容既高屋建瓴，又接地气。艾雪以极大的热情，贪婪地汲取新知识。一次，诸葛明和艾雪擦肩而过，他对艾雪说："拳头是空的，没劲，只有实心的拳头，才有力量。"这句话引起了艾雪的深思，艾雪好像领悟到了什么。

王响装出认真学习的样子，心思却在别处。虽然公开选拔考试成绩低，但王响没有在提高自己的水平、能力上下功夫，而是想出了别的门道。和她关系不错的同事劝她放手，但王响的熊熊燃烧的野心之火却难以浇灭。她提出自己的几个主张，大都是关于怎么让自己及周围支持自己的人获得好处。为了让一起去学习的人都支持她，她用各种方式进行拉拢。只不过她小瞧了大家，诸葛明亲自指挥，让与王响接触的人员假意答应支持她。王响对这些表示支持自己的人深信不移，只是她知道艾雪还是很厉害的，她就怕艾雪再说什么。对王响的做法，艾雪心知肚明。但她对此毫无反应，好像发生的事情与自己无关似的，继续写着风花雪月的诗。休息时，几个人来到海边，艾雪写道：

北戴河鸽子窝公园附近海边小立

白云游到水里

美人鱼游出水面

静静地坐在

飘动的天蓝色绸缎上

一个千年的梦

沉浸着

……

望着细蒙蒙的小雨，艾雪写道：

雨中即景

雨淋湿了梦

睁开梦的眼

羽毛般纷纷而来的光明

蘸一点生活

袅袅地飘入

我的诗行

……

自以为得手的王响非常兴奋，说话的底气更足了，眼睛也似乎望到了天上。

一天晚上，诸葛明组织大家在临海的地方聚在一起吃顿简单的饭，主要是聊聊工作。有人对正在海边摆着各种姿势照相的王响说："大家差不多都到了，快去吧。"此时，春风得意的王响哪管这些，心想：我还没有过够照相的瘾，让他们等着去吧。再说，我也有资格摆这个谱。于是，王响像挑衅诸葛明似的，摆弄着各种姿势，越照越高兴，简直乐不思蜀。诸葛明等了她四十多分钟，在别的同事的反复催促下，王响才来吃饭。

饭后，王响、艾雪、乌郡梅、与侯三元熟识的女同事等五六个女士在海边散步。

由于乌郡梅用女色换取权力的行迹败露，丈夫坚决要和乌郡梅离婚，乌郡梅的领导亲自去做乌郡梅丈夫的工作，才勉强把离婚的事压下来。只是感情本就是易碎品，一旦出现了裂缝，很难修复，就是勉强黏合在一起，也会留有痕迹，再也不是原来的样子了。乌郡梅的丈夫彻底凉了心，对乌郡梅冷淡起来。这些都没有促使乌郡梅反省。她对丈夫没有一点歉疚，还在心里暗暗笑话劝过她的艾雪傻。她觉得艾雪是自说自话，没必要花费那些笨力气，用些手段就能得到自己想要的东西，再说世界本就是复杂的，艾雪还说什么大道至简，只要攀上权贵，要风得风，要雨得雨。谈什么怎样做人，不冲着权力、金钱、地位去的就是傻瓜。乌郡梅说话娇滴滴的，很会和人聊天。她知道男人一般都喜欢贤妻良母，就在外面造舆论，说自己怎样爱做饭、爱收拾，其实能喝酒的她说自己不爱喝酒。别人一说"你这不和慧芳一样吗"，她准高兴得不得了。这成了她吸引男人的武器，只要她觉得谁有权力或有希望获得权力，就立即贴上去，诉说自己如何贤惠，使出浑身解数向那人释放暧昧的信号。她虽然长得有点黑，但眼睛还是挺大的，双眼皮，五官也说得过去。一般意志不坚定的人往往被她磨得更没有意志了。她对别人都是冲着权力地位去的，哪里有什么感情，一旦被利用的人没有了权力，乌郡梅就立即变脸，懒得再理人家，又去进攻下一个目标。有个把她提拔上来的人退下来了，到乌郡梅办公室，乌郡梅连口水也不愿给他倒了，他打来十个电话，乌郡梅有九个不接。凡是和乌郡梅有关系的人都有这个体会：为乌郡梅付出得再多，只要没有利用价值，乌郡梅一律毫不客气地弃之如敝履。不过，也有任乌郡梅怎样释放魅力，怎么进攻也攻不下的人。乌郡梅很想和侯三元攀上关系，于是乌郡梅拼命拉拢与侯三元熟识的那个同事，希望她能帮自己说点话，能有希望靠近侯三元。侯三元对乌郡梅当然是不屑一顾的。乌郡梅对品行高洁的现领导高明也没了办法，高明总是笑眯眯地应对乌郡梅，在乌郡梅把话挑到关键处时，高明总是高明地转移话题。无奈的乌郡梅又转移了目标，看着王响得意的样子，她想：实在不行，让王响罩着。王响本就想找个帮手帮自己更顺利地达到目的，同时，她是一个权力欲很强，喜欢那种一呼百应的感觉的人，愿意用自己的权力罩一些人，显出自己的能耐与重要性。两人各怀心思，一拍即合，于是就明目张胆地搅在了一起。那恶的欲念，一个劲地膨胀。

第六十四章

爱，夜与明

艾雪单位前一段时间来了一位省里来的挂职领导，有思想有水平，艾雪平时常和他交流工作的感悟。

艾雪说："工作中得'真'调研，我们视察城乡环卫一体化工作之前，办事机构根据调研问卷反映出的共性及个性问题，直接走访有关人员及村民，拍摄发现问题的地点，反馈给有关部门，我们视察时就看这几个有问题的点的整改情况，视察取得了很好的效果。"

"嗯，对。"挂职领导对艾雪的工作做法挺感兴趣，示意她讲下去。

艾雪继续说："工作中还得提出'真'建议。我们办事机构的调查报告要坚持实事求是的原则，树立求真务实的作风。在制定调研方案，综合运用各种调研手段，深入调研的基础上，注重'调'与'研'的有机结合。调查报告不能抄袭网络上的文章。不仅要调研，更重要的是开阔思路，深入思考，看到优秀文章，要消化吸收，变成自己的东西，提出的建议要符合区情实际。"

"要围绕破解工作难题，提升建议质量。要安排工作人员听取审议有关《城市绿化条例》实施情况的报告。办事机构进行调研时发现，园林局制定了开放式小区绿化属地管理考核细则，但由于没有配套资金，办事处实际操作起来困难，工作无法推进。办事机构在调查报告中建议区政府适时拨付专项资金给各街道办事处，由办事处聘请绿地养护企业，引入市场机制解决开放式小区的绿化问题，推动工作开展。还要注重民本民生问题，体现人文关怀。比如说，我们对《城镇最低收入家庭廉租住房管理办法》的实施情况进行调研时，通过实地查看、走访廉租房家庭、与相关单位进行座谈等方式，深入了解情况，提出切实可行的建议，建议得到区委、区政府的高度重视，切实解决了一些实际问题，推动了相关工作的开展。调查报告还显示了人文关怀，指出廉租住房服务对象都是弱势群体，应关注其居民精神文化与心理需求。又如，在暗访时，群众反映一棵古树需保护的问题，办事机构向园林局等有关部门进行了反映，园林局当即表态，只要是古树，他们一定会保护的。另外，要围绕新情况新问题，创新制度保障。那年，根据工作要点安排，听取审议有关《物业管理条例》实施情况的报告，在对区域情况了解的基础上，我们又学习物业管理先进地区的经验。办事机构的调查报告建议在街道办事处设立物业管理办公室，有针对性地提出业主委员会由社区党组织领导的建议，受到政府部门的重视，正逐步推动落实。"

挂职领导听得眼睛发亮，脸上挂着一抹笑意。

受到鼓舞的艾雪打开了话匣子，继续说道："为了让天更蓝，云更白，我们办事机构对区域大气污染综合治理和污染减排情况的调查数据进行分析，在专题调研的基础上，跟踪问效，咬定大气污染防治工作不放松，建议区域政府进一步加大绿化资金投入力度。这个审议意见受到高度重视，几年来区域政府持续增加对绿化的财政投入。我们区的空气质量现状考核在市里排第一名。再比如，汇报关于扬尘治理与渣土整治行动的实施情况时，办事机构反映改善装备设施是必要的。区域政府很重视，专门为相关工作人员配备了扬尘治理雾炮车，改善了工作条件，为进一步做好工作提供了保障。"

"你们把虚的工作干实了。"挂职领导肯定地说。

"说说监督工作吧。"挂职领导继续说，"无论哪个部门被监督，都会感到有压力，甚至感觉'如芒在背'。在这种情况下，怎么办？"

"这时的监督，就得既讲原则，又讲方法。"艾雪答道，"要围绕社会的焦点问题和老百姓反映的难点问题进行监督，让有关部门明白，监督的目的是更好地促进他们的工作。在监督环保工作时，认识到我们的监督工作不仅政策性很强，而且程序性也很强。在扎扎实实地搞好调研的基础上，再与有关职能部门座谈。有两次就环保方面的情况，我们和有关职能部门座谈时，采取询问式的形式，带火药味，紧张的职能部门负责人像闯关似的。由于我们掌握的是真实情况，完全是按有关条文一条一条地询问，而且开展监督时，不回避矛盾也不为难不挑刺，不大事化小也不小题大做，被监督的部门虽然紧张但理解。还是环保工作，有一段时间，考核指标不理想，我们没有立刻指责相关工作人员，而是帮着分析原因，鼓励他们说，这才年中，还有时间把任务完成，把成绩搞上去。到了年末，也不忘打个电话问问情况。这样的监督就能够得到党委、政府和百姓发自内心的拥护与赞成。"

对艾雪说的这些，挂职领导满意地直点头，他问："这次学习有什么收获吗？"艾雪正要找人倾诉学习后的所思所想，于是又长篇大论地侃侃而谈。

透过窗户照进来的阳光，此刻暖暖的，它的光和热让艾雪从心里感到温暖。

不知不觉，艾雪和挂职领导谈到了中午时分，艾雪说："我要把我们所谈的这些整理成一篇论文。"

挂职领导说："好，等着看你的大作。"

后来，艾雪和挂职领导合作写了好几篇有分量的稿件，都刊登了出来。

艾雪以饱满的热情加入城市的交响乐，王响和乌郡梅却奏出了一个个刺耳的噪音。

第六十五章

爱，夜与明

　　诸葛明让艾雪的分管领导郑实带队，由高明组织队伍去海南学习。高明首先通知艾雪参加这次的学习活动。王响和乌郡梅觉得去学习就有机会吃喝玩乐，因此闻风而动，强烈要求去海南学习。其实这都在诸葛明意料之中，他认为让她们去受受教育也好，于是高明顺水推舟，让她们俩也参加。再加上一个办公室的小伙子和一个经常出去招商有出差经验的年轻女士，七个人踏上了去海南的行程。敏感的艾雪好像预感到什么，去海南之前，写了一首诗：

生与死

呼啸而来的

厉风

想撼动

根基

山下柔弱的水

经历了山的孕育

也有坚定的骨骼

大的襟怀

时间的波纹

涌出山的笑容

一层一层荡开的

疯狂

必将淹没在尘世里

变成遥远的岁月

　　到了海口，大家先去宾馆集中学习，然后到母瑞山接受红色教育，后来去潭门镇、博鳌亚洲论坛国际会议中心、北仍村等地实地参观。

　　入住的那家宾馆一楼是一个超市，王响和乌郡梅一眼就瞥见超市里卖椰子水。报到后，乌郡梅说："到了海南，一定要尝尝椰子水。"艾雪说她喝过椰子水，就不喝了。小伙子和年轻女士管财务，王响和乌郡梅就直接对他们说："椰子水回去报销啊。"两个年轻人不好反驳，既然报销，他们打算叫上艾雪一起买。王响和乌郡梅赶紧给两个年轻人使眼色，让他们别叫艾雪了。艾雪装作没看见，还是跟他们一起去了超市。乌郡梅故意把喝椰子水的动静弄大，转过身，正冲着艾雪大声说："哎呀！真好喝呀。"王响和乌郡梅直喝得肚子胀胀的，剩了一个实在喝不下去了，她俩拿回去给郑实喝。郑实说："我不要，艾雪还没有喝呢，让艾雪拿去喝吧。"王响一把抢过去说："我喝。"

　　来海口的第二天晚上，王响和乌郡梅拉着小青年，去采购一些两个人要带回自家的土特产，还逼着两个小青年给她们报销，两个小青年无奈地咧着嘴，又不好意思说她们。

　　上课时，艾雪听得很专心。下课了，艾雪和讲课的海南一家学院的院长讨论问题。讨论完，院长对艾雪说："你们当地有句话叫'杠赛来'，什么意思？"艾雪说："有不错、挺好的意思。"院长冲着艾雪笑着说："对了，你就是这样的。"王响不甘示弱，说："你们这儿气候真好，我要在这儿的学院进修。对了，你们这儿有什么有特色的好吃的好喝的好玩的？"看出王响是一个疯狂追求享受的人，院长敷衍地回答了她。下一次上课，老师讲了古希腊的名句：上帝欲使其灭亡，必先使其疯狂。艾雪听出老师是想点醒王响，但王响似乎什么也没意识到，依旧兴致勃勃地想着海南有特色的享受。在下午自由讨论时，王响和乌郡梅去海边玩了。艾雪和别的学员讨论了一下午自己经常思考的问题，真理越辩越明。晚上吃饭时，艾雪发现自己的嗓子有些哑了。到母瑞山实地学习时，艾雪想：在艰苦的环境下，星星之火还可以燎原，何况现在……艾雪的信仰更坚定了。在母瑞山下重温入党誓词时，艾雪举起拳头，眼神坚定地望向远方……

　　学员们来到潭门镇，潭门镇的牌匾似乎无声地诉说着什么。艾雪早就听说过潭门渔民的故事。之前，艾雪还特地为三沙市写过一首诗：

致三沙

远方的三沙
是生命不息跳动的心
牵着祖国的情怀
谁也别想把你抹掉

怎么能抹掉呢
祖上传下来的《更路簿》
就是一个巨大的脚印
量出千年的沧桑
垒起一座长长的城

轻轻拾起
千年前飘落的一枚树叶
看它羽毛一样飞
清晰的叶脉透着光亮

从天上降落下来的三沙
长出一大片绿色
白鹭翩翩
与人轻言细语

其实
你是历史隧道凿出的一束光
凿得何其不易
风，一阵紧似一阵
打着旋
雷，呼啸而来
妄想劈开三沙的夜空
荒芜，需一点点抚平
淡水，是海渴盼的梦

三沙人的黑色面庞

映着铁色

太阳有多亮

月光有多亮

三沙人凿光的意志就有多强

三沙——

中国的马尔代夫

闪着蓝色光芒

吸引来深深的目光

……

　　一家在巴黎注册登记的架起中法友谊之桥的文化协会，一方面致
力于在法国传播泰山精神和齐鲁文化，另一方面向中国介绍法国悠久
的文化历史传统。文化协会的工作人员要了艾雪写的三首诗，发在协
会的公众号上，其中就有这一首《致三沙》，引起了很大的反响。望
着斑驳沧桑的潭门牌匾，艾雪举起手机，将它摄入永恒……艾雪睹物
沉思时，王响和乌郡梅到处去找吃的……

　　学员们又来到了北仍村，满眼的绿意。特色建筑、美丽风光和当
地居民自然地融合在一起。翻阅了旅游手册后，从没来过这里的艾雪
断定：这个地方的乡村旅游理念很先进。于是艾雪紧走几步，赶上引
导她们来的小姑娘，表达了自己觉得这儿的乡村旅游理念很先进的想
法。小姑娘笑了，说："这儿就是外国领导人的夫人们参观过的地方啊。
那儿还有她们的照片呢。"艾雪顺着她的手指往前看，果真看到了照片。
艾雪仔细地看着，不时向小姑娘询问着什么。从这儿参观完，艾雪觉
得收获很大。

王响和乌郡梅在特色美食摊吃了个肚圆。当七个人聚在一起时，王响和乌郡梅把买的菠萝分给别人，就是不给艾雪，乌郡梅故意说："真好吃，比我们那儿卖的好吃十倍。"艾雪对她们这种小孩把戏不屑一顾。郑实说："吃吧，吃吧，就当自己是小孩。"敏感的王响立刻急了，横眉怒向郑实，说："谁是小孩，你说谁是小孩？"郑实就当王响处于更年期，不和她计较。王响和乌郡梅犹如得胜的将军一样，挺着肚子，望着天，摇摇摆摆地一起走了。

王响特别嫉妒艾雪，于是和乌郡梅串通一气，诋毁艾雪。高明听不下去，和她们吵起来了，乌郡梅恼羞成怒，当着众人的面骂了高明。过了一天，吃晚饭时，王响看着单位微信群，大声说："应该把高明从群里踢走。"艾雪觉得她简直不可理喻，争辩道："人家又没干什么出格的事，把人家踢出去多不好。"王响和乌郡梅当时就眼露凶光。下电梯时，郑实特地告诉艾雪："注意安全。"艾雪和乌郡梅住一个房间，乌郡梅先跑到王响房间去了。艾雪躺在床上想：郑主任为什么特意提醒自己注意安全呢？她左思右想后，决定在楼层拐角的沙发上坐一会儿。

到了晚上，乌郡梅鬼鬼祟祟地回了房间。发现艾雪不在房间，她又出来东张西望了一会儿。艾雪坐的位置有点偏，她没有注意到。

没找到艾雪，乌郡梅就回了房间。艾雪不知道她和王响两人密谋了什么，决定去酒店大堂坐一晚。

第二天早上，艾雪和郑实见面时，告诉他自己昨晚没睡，在大堂坐了一晚。郑实吃惊地说："一晚上没睡，你身体受得了吗？一会儿还得去实地参观。"艾雪笑着说："没事的，主任，我一晚上不睡，第二天照样很精神，放心吧。"主任匆匆走了。正和王响吃饭的乌郡梅看见艾雪，大声说："昨天晚上你去哪儿了，吓死人了，你不知道人家着急吗？"听到乌郡梅的质问，艾雪觉得好笑，笑眯眯地应对了几句。

　　从海南回去时，单位给订的经济舱，下午一点多的时候需要转机，飞机上不提供饭，大家都饥肠辘辘。艾雪想起自己写的诗：

念屈子

擎一支信仰的火把
屈子在浓雾中穿行

为自己而活
的"聪明人"
自私的灵魂发着烧
快要烧毁纯洁与崇高

这时
屈子一定会大声断喝
为什么不
"恐修名之不立"
"哀民生之多艰"

擎一支信仰的火把
屈子在浓雾中穿行

"聪明人"哂笑屈子的"傻"
世上哪有是非对错
成功的路上垫些"腹黑"的石子

又如何
只要练熟语言

这时
屈子一定会拧干泪水
用铁肩担起"义"和"善"
用妙手著起文章

擎一支信仰的火把
屈子在浓雾中穿行

"聪明人"道
谁来　我们还是我们
试想若黑云压境
他就会是狗尾巴草

这时
屈子一定会愤然而起
天下事即己事
难道与你无关
人人若如此
国何以堪

擎一支信仰的火把
屈子在浓雾中穿行

"聪明人"道

何必为国直谏

自己落得生命如流星陨落

屈子会说

历史的风会卷走纸屑

不留痕迹

以身许国的精神

万年

一句话在艾雪脑海里反复浮现：苟利国家生死以，岂因祸福避趋之。面对因饥肠辘辘而抱怨连连的同事，艾雪大胆地说道："我们这次来海南是来学红色精神的，难道是为了吃吃喝喝的享受吗？母瑞山的战士吃野菜，穿树皮，二十三年红旗不倒。我们中午在飞机上还吃了一个饭团。难道我们连忍受一点饥饿的意志力都没有吗？"

王响显然被艾雪的大无畏精神镇住了，一时反应不过来，没有反驳。一旁的乌郡梅碍于机场人多，才没有造次。

飞机在当地的机场降落，艾雪单位派了辆中巴车，送他们回家。王响和乌郡梅两人小声嘀咕着什么，不知道想使什么阴招。艾雪故意说："什么，侯三元都安排好了。"吓得正低头发信息的乌郡梅和王响抬起了头，紧张地四处张望。其实，艾雪只是敲山震虎罢了。为了早点到家，艾雪和卞晓联系，让他来接自己。到家后，艾雪给高明发信息询问他安全到家了没，得到肯定的答复，艾雪吐出一口气，顿时感觉轻松了下来。

海口之行结束后，回想起这次经历的种种，艾雪有感而发，写下一首诗：

一座精神不倒的山

磨着的霜刀
想让世界倾倒
精神是倒不掉的
母瑞山
藏着的火苗
熊熊燃烧
凶险浇不灭的

即使只有二十五颗种子
也要撒向大地
用滚烫的血浇灌
灵魂的黎明

在黎明里
一层雾中
往昔的回忆那么清晰
分明又看见了你们

当遇到黑暗的影子骚动时
我突然听到一声
破胸而出的呐喊
我们在这里

回应在人群中响起

啊，母瑞山

精神不倒的山

王响愈加张狂起来，不断地向认识的人索要财物，同时，在工作上挑三拣四，得到且过，甚至为了逃避工作而与领导吵架。

王响和乌郡梅做事越来越离谱，引发了众怒，人们都盼着早日把她们绳之于法。

此时，艾雪单位新来了一位领导——任志，乌郡梅热情地表示欢迎。过了不久，乌郡梅就和王响一起向任志要钱。

忍无可忍的人们开始联合起来，联名要求严惩王响和乌郡梅。

艾雪向卞晓说起这件事时，提到："看来真的应了那句话：欲使其灭亡，必先使其疯狂。疯狂的代价很大。"卞晓却不愿意听，说："快别说了。"艾雪又说起魏珊："女儿这么孝顺她，安享晚年多好，偏偏脑子出了岔子。"卞晓却说："不管怎么说，她也是你母亲啊。"艾雪当时听到卞晓的说话，只觉得不顺耳，并没有往别处想。

第六十六章

爱，夜与明

当年卞晓甩掉艾雪后，很多人给卞晓介绍对象。然而，他见了好多人，却怎么也找不到如意的，找不到幸福。而艾雪再婚后反而过得更好了，任善海虽然不和她生活在一起，却尽可能地对她好，艾雪看着挺幸福的。这时卞晓才明白，艾雪并没有真的得精神病。瘦下来的艾雪看着愈发年轻靓丽，加上优雅的知性气质，很有韵味，工作上也屡屡得到提升。最重要的是，艾雪写文章、剧本都赚钱，这让看重钱的卞晓很眼馋……卞晓想：如果能和艾雪复婚，那艾雪的钱还不是我想怎么花就怎么花啊？于是卞晓又反过来对艾雪展开锲而不舍的追求，但他第一次对艾雪说想让她和任善海离婚，然后和自己复婚这件事时，被艾雪拒绝了，又试着说了一次还是被拒绝。卞晓并不灰心，他有把艾雪抢回来的经验，他直接向任善海提出要和艾雪复婚，任善海对卞晓说："怎么想的？不可能！"

艾雪对任善海说话向来是坦诚的，毫无保留。这天，她在微信里对任善海说："前夫想复婚，我怎样把这件事处理好呢？您向来说得有道理，我听您的。"没想到，任善海在微信里对艾雪说："我认为你们应该复婚。"艾雪急了。她本来想着怎样既拒绝卞晓，又不伤到卞晓，向任善海讨一个圆满的办法，没想到任善海会这么说。艾雪说："您怎么把我往火坑里推？别的事我听您的，这件事我断断不能从命。"两人来来往往地说了好长时间，艾雪向任善海倾吐自己对他真挚的感情。任善海心里有底了。

这件事过去后，生活如往常一样向前流淌着。艾雪办了化妆卡，到一个地下商城去画简单的淡妆，给艾雪化妆的是一个二十五六岁的女子，她对艾雪说："你化了妆更漂亮了，用自己的美貌挣钱吗？"弄得艾雪匪夷所思，给她解释了半天，说自己是因为热爱生活才化妆的。讲了半天，像是对牛弹琴。有一次化完妆，艾雪走得匆忙，买的化妆品忘记拿了，手机也掉在那儿了。转了半天商场，艾雪想起买的化妆品忘记拿了，就返回去拿，给艾雪化妆的女孩给了艾雪化妆品，她神情有点紧张。艾雪又去蛋糕店买面包，这时才想起手机忘在化妆的地方了，再返回去拿。这回化妆的女孩不紧张了，大方地把手机给了艾雪。敏感的艾雪前后一寻思，心想，坏了，她和任善海的聊天框没关，里面字字句句都是自己的真情倾诉，打开任善海的微信资料还能看到他的手机号码。再联想化妆的女孩在自己第一次返回去拿化妆品时的神情，艾雪猜测：她不会是看了自己手机里的信息吧？艾雪的感觉还是很对的。艾雪又一次去化妆时，从给她化妆的女孩口中听出了端倪。那个女孩气愤地说："从没有人这样对我，我要给他点颜色看看。"艾雪联想到：她是不是在正直的任善海那儿碰壁了？

对这个化妆的女孩，卞晓却是另一种态度，听说这个女孩长得很漂亮，他问这个女孩的化妆柜台在哪儿，然后就去寻找她。化妆女孩知道卞晓是当地最大医院的医生，非常兴奋，使出浑身解数讨好卞晓。两人互加了微信。卞晓想利用这个女孩，离间任善海和艾雪，于是他设计了一个阴谋。卞晓让那个女孩约任善海在偏僻的地方见面，自己藏在角落偷拍，借此营造任善海出轨的假象。但是他没想到，任善海不仅没出现，还找了几个人把等待偷拍的卞晓带到了艾雪面前，让他说出了自己的计划。卞晓觉得十分丢人，趁着大家没注意，一溜烟跑了。

艾雪写了一首诗，表达了自己的感悟。

阳光驱散亡灵

“我是一颗小小的石头
深深地埋在泥土之中”

狡黠笑着的熟悉陌生人
抬起脚
使劲往地里踩
踝了好几踝

沉默的腐叶
终于掩不住腐朽的心思
疯了似的
在暮色里窸窸窣窣

像倒塌的房屋里
一个黑衣的亡灵
披上一层感情的外衣
拼命招手

哪里有什么感情

只是一个白色的垃圾袋子
做着一个
成为高级塑料的梦

那曾经孕育出生命的植物
成为它的挂靠利用之物

土地还是那片土地
被利用完的植物
连同孕育出的生命
会被无情地碾碎
散落到地下
恶梦的一个豁口
就是亡灵狡黠的笑

疯了似的亡灵
对待所有的花儿
像对待衣服一样
随便

亡灵毕竟是亡灵
它想活着
它早已死去

阳光照进来
干净的爱情

金子般发着光

我在那里
不悲不喜

只是感到岁月静好
生命之强大

生活如流
涓涓不息

　　艾雪不仅善良，而且有男儿一样的胸襟。总与艾雪过不去，总是贬损艾雪的一个女领导退休后，她的女儿从别的单位调到了艾雪所在的单位，刚来时不适应，闹出很多笑话，很多同事话里话外都讽刺她"真笨""脑子不好使"等。许多人以为艾雪也会顺理成章地加入讽刺她的队伍。但艾雪不仅不讽刺她，还向她伸出了热情的手，手把手地教她怎么适应。

　　任善海的心胸宽广，能容得下江河湖海，他没有追究卞晓的所作所为。卞晓也彻底认输，不再试图破坏任善海与艾雪的感情。后面又发生了一些事，任善海那宽广的心胸、处理问题的手段，让卞晓佩服。卞晓也逐步认识到，应该尽自己的力量为国家效力，去做有益于人民的事，这是后话。

第六十七章

爱，夜与明

艾雪新来的领导任志是因为受到处分才调来的，他很怀念原来的单位。来了艾雪所在的单位后，他经常表露自己的不满，对下属处处挑刺。他和艾雪在一个办公室，因此艾雪经常直面他的炮火，但性格温和的艾雪并没有与他发生冲突，仍是默默地工作。他经常对艾雪交上去的材料横挑鼻子竖挑眼，艾雪也没有反驳过，只是一遍又一遍地修改。

在艾雪经历这些事的同时，任善海也经历了一些"挑战"。他身边的几个单身的女同事开始对他采取"攻势"。虽然与艾雪分隔两地，但任善海对艾雪的感情并没有一丝一毫的动摇，他严词拒绝了那几个女同事。敏感的艾雪从两人的聊天中觉察到事情的始末，感动地写道：

默默的言语

许多艳丽

拼命挤着想承一点雨露

睿智的你

一眼看出那是罂粟

她们为何而来

你让她们因何而去

默默地

你把我周围瀚海一样的

沙漠

都用心染绿

指间漏下的时间

都是沉默

这沉默

是只有我懂得的言语

不知道你在哪里

只知道你在我心里

……

　　艾雪的忍让让任志变本加厉，他觉得与艾雪在一个办公室显不出自己领导的地位，言语里暗示艾雪主动搬出去。艾雪虽然性格温和，但是并不软弱，骨子里带着一股韧劲，她装作听不懂的样子，每天只跟他汇报工作，并不主动与他交谈其他事。任志开始时不时地威胁艾雪，艾雪不为所动，用诗歌彰显自己的意志，她写道：

早晚会爆出

一股阴风
倚仗权势
化作嗖嗖冷剑
刀锋逼近

我紧闭双眼
依然感受到群山、松、柏
飞翔的大鹰
还有那绵绵不绝的羊群

旋转的恶之舞
妄图卷走阳光
用黑幕遮住一切

我本想走上前劝一劝
留下的印迹
早已成荒漠

一直的沉默寡言
早晚会爆
……

任志越来越猖狂，恰逢艾雪身体不适，她决定请几天假缓和一下任志的情绪。她找诸葛明请假，诸葛明关心地问："严不严重？多请几天好好休息。"艾雪说不是什么大病，诸葛明又说了几句表示关心的话，批了假条。走在去医院的路上，艾雪用手机敲下一首诗：

善良

我习惯性地种下一棵善良
然而，一种基因突变的物种
蓄谋已久地
想利用我的善良
摸寻太阳

没有人性的人性
漆黑一片
压下来

智慧的种子
不紧不慢地向上生长

狂风暴雨中
大海深处的灯塔
更加清晰

黑夜里的眼
定会被永恒告别

善良

終会被善良感染

太阳
依然会是人们心中的
那个太阳
……

艾雪请假这个行为，仿佛助长了任志的气焰，他开始在单位大肆宣扬诸如"艾雪是因为精神病复发才请假的"之类的谣言，还在单位拉帮结伙，争权夺利。艾雪人在家中并不知道这些事，但风言风语传到了卞晓的耳朵里。因为真心佩服任善海，也不再对艾雪有执念，卞晓现在是真的一心向善，他气不过，跑到艾雪的单位与任志大吵一架，拿出许多证据证明艾雪就是个正常人。任志恼羞成怒，两人大打出手。最后，两人都被派出所带走了。任志也因为一系列行为触犯众怒，被单位开除了。

等艾雪再回到单位，一切已经尘埃落定，知道真相的艾雪写下了两首诗：

浪子回头

世上的事
不是非黑即白
也不是非白即黑

当魔鬼之惑遮住了双目
一片漆黑

当被另一片黑暗笼络时
最后一点良知
让冰冷的生命
重新燃起

散落的沙粒
重新整合
一次灵魂的重塑

我相信
浪子回头
即使是游离的云
饱蘸风雨之大笔
也会抒写满是乡愁的
大地之歌
……

剪掉荒芜，赋予美德

含着野心
夹竹桃花灼灼

积数载　蝇飞蚁聚
纵豺狼嗜血
握一点权势
就想把被动的时光挤挪

"罪恶的藤蔓上结不出
善的果实"
想倒退只能让时代碾过
消散

一眼看到底
天地之大美
定会剪掉荒芜　赋予美德
只有来人，没有倦客
……

第六十八章

爱，夜与明

艾雪单位组织开展"不忘初心、牢记使命"主题教育活动。艾雪积极谈自己的认识，她发言的题目是《坚定理想信念，筑牢信仰之基》，艾雪清脆悦耳的声音在会议室响起：

"我的理解可能肤浅，不对之处还请各位党员批评指正。我认为不是要我工作，而是我要工作。人们根据自身兴趣、潜力发展自己，根据自己的特长为集体奉献自己的才智，每个人在人格上都是平等的。人们不用考虑生存问题，多么幸福快乐。中国共产党人为了解放中国人民，让人民过上美好幸福的生活而奋斗终生，甚至牺牲自己的生命也在所不惜。多么纯粹而崇高！

"1997 年 4 月从法国回国后，我做的第一件事是再次递交入党申请书。当时有的人说：'现在党内可能存在一些问题，你不要着急入党。'我当时一是觉得党的信仰美好，二是认为历史已证明党有能力修正自己的不足，因此我还是坚定要求入党，最后终于成为一名光荣的党员。

"世界上有圣贤，有小人。一个人是多元的，有多个面，人口越多、国家越大越复杂。要发展还要走非常漫长的道路，我们要怀揣远大理想，向往美好，用实事求是的科学方法做好当前的事情。古语说'见贤思齐'，我们现在成不了圣贤，但如果我们把圣贤当镜子，一点点努力，自己的品行、素质、能力就会一步步获得提升，这多么令人兴奋。我们应该运用辩证唯物主义的方法解决实际问题，必须用实践来检验我们的工作。我想，对党忠诚老实，就是有几分热发几分光，做老实人、说老实话、干老实事。

"前段时间，我精读了《马克思主义哲学智慧》和《习近平谈治国理政》，把感触最深的一点写成了诗。我认为，对领导干部来说，忠诚与否的衡量标准之一是用权为公还是用权为私。用权为公，时时刻刻想的是为党分忧、为国干事、为民谋利。用权为私，就可能走上权钱交易等黑暗之道。虽然自己能做到公私分明，先公后私，有时还因公忘私，但自己的党性修养还需要锤炼。我举一个例子，上学时，一次放暑假回老家，亲戚不让我下地，我坚决要求下地干活，我想我在农村待到六岁才到济南，应该能吃得了苦。拗不过我，亲戚就让我干最轻快的活：打棉花。夏天本来就热，到了地里，简直就像身处列车里的闷罐，用来擦汗的毛巾，一拧就像自来水哗哗地流。再看旁边犁地的表哥，犁一会儿地，就躺到太阳晒着的空地上歇一会儿，嘴里念着：苦啊。我坚持干了一下午，晚上回家发起了高烧。这次经历使我更体会到农民的辛苦与不易。现在的我夏天只愿意待在有空调的屋里，冬天只愿意待在有暖气的地方。这说明吃苦在前，享受在后的意识有所松懈。"

大家静静地听着，艾雪继续说："邓小平同志曾经指出，'我们评价一个国家的政治体制、政治结构和政策是否正确，关键看三条：第一是看国家的政局是否稳定；第二是看能否增进人民的团结，改善人民的生活；第三是看生产力能否得到持续发展'。中华人民共和国成立七十多年来，特别是改革开放四十多年来，国家的面貌发生了历史性变化，充分证明我们走的是一条符合我国国情的发展道路。所以我们坚持道路自信、理论自信、制度自信，文化自信。结合实际，针对新情况、新问题，做一些小的完善，是为了提高制度的适应性，而不是改变制度本身。总之，要坚定理想信念，筑牢信仰之基。革命理想高于天。追求做一名合格共产党员的过程是漫长的，我愿持续努力，请各位监督。"

当艾雪的声音戛然而止的时候，会议室里响起掌声。对艾雪的说法，党员们从心里认同，纷纷向艾雪投去赞赏的目光。

人世间最令人动情的，莫过于生离死别，柔弱的艾雪，一次次承受命运的考验。会议过后，艾雪写道：

春　路

"按人物的脉络
会是这样"

敏感的小草
会嗅出一丝危险

死去活来多少次
早已走出泪滴

洞察黑暗的影子
依然相信光明
就像相信爱情

会把大地染一遍

即使相思已旧
依然会被感动感动
只要遇到对的人
就不是天真

一些认识的人
可能是无须认识的人
犹如车窗外闪过的事物
或许以后毫不相干

也许人一生都要
与生搏斗
不知何故
我依然愿意走在春天的路上

第六十九章

爱，夜与明

走在春天的路上的艾雪真的迎来了春天。艾雪写的论文在省里获奖后，省级杂志的编辑向艾雪约稿，对艾雪发去的稿子只字未改。由于工作出色，经艾雪单位领导一年多的考察，艾雪又要获得提拔了，这次是一个较重要的职务。

当得知省里对艾雪进行考察，就要提拔艾雪时，王响和乌郡梅急忙赶到上级单位，说要反映艾雪的经济问题。可是艾雪经济方面哪有什么问题呢？用办公室的 A4 纸打印自己的诗歌，艾雪都要自己拿出五十块钱的纸钱。办公室的同事笑了，表示这个可以不用。但艾雪坚持让他们把钱收了。很久以前，艾雪代表单位去看一个生病的同事，买水果时，花了三十八元，商家却给了五十元的定额发票，让艾雪拿回单位报销。报销后，艾雪又自己拿出十二元，去买了水果放在办公室，而且向会计表明了前因后果。会计笑着说："艾老师，人家都是能占点公家的便宜就占点，就十二块钱，这么点儿，您都不占。"艾雪笑了。十二块钱虽然是小数，但艾雪的行为却是公私分明的体现。那次去海南时，王响和乌郡梅吵着让单位报销各种花费。和她们一起去的小伙子了解情况，为难地说："人家艾老师除了规定的开支，其他一分钱也不让公家报销。就是咱们每个人买了一双拖鞋，艾老师还非得把买拖鞋的十二块钱给我。你们这样，不好办啊。"一听艾雪一分也没花公家的钱，王响和乌郡梅很高兴，心想：艾雪得不到一点好处才好呢，可是我们聪明啊，这好处得让我们得。于是威逼利诱他人，以便达到自己的目的。艾雪在经济方面就是这样严格要求自己的，王响和乌郡梅在鸡蛋里挑不出骨头。

她们又打算在艾雪的作风问题上作文章，乌郡梅知道艾雪有爱人，可是从来没见过她爱人的影子，只看见她和前夫经常来往。常在河边走哪能不湿鞋，何况爱人不在身边，能不寂寞吗？她们结伴去告艾雪作风不检点。原来的挂职领导装作很感兴趣的样子，征得她们的同意，将她们说的话录了音。听她们说完，原来的挂职领导装作不经意地说："看来不能让艾雪到事业单位做负责人了。""什么？"王响和乌郡梅睁大眼睛说，"不是让艾雪去省里的机关吗？怎么是去事业单位？"原来的挂职领导故意说："原来也没有打算让她去省机关，而是让她去事业单位做负责人，现在看来不能调艾雪去这个事业单位了。"王响和乌郡梅不约而同地想到：到了事业单位，艾雪就由公务员身份变成了事业编，以艾雪的年龄，就是干得再好，也没有机会到省机关了，艾雪的仕途就到头了。想到这儿，两个人不由地相视而笑。王响先反应过来，马上开始说艾雪的好话，由于激动，王响说了很长时间。两个人争着夸赞艾雪，认为她很适合去那个事业单位。原来的挂职领导装作为难的样子，两个人最后恨不得祈求人家维持之前对艾雪的安排。然而，艾雪最后被调到省机关，担任较重要的职务。当看到任命文时，王响和乌郡梅傻眼了。

还没有到省里去之前，艾雪参加了有关十九届四中全会的学习班，学习时间为三天。中午休息的时候，艾雪想出去走走，两个一起参加学习班的女同志边说着上哪儿逛逛，边朝艾雪坐的地方走来。艾雪定睛一看，原来是一个姓常的领导和另一个不认识的女士。由于常姓领导和艾雪打过交道，就招呼着艾雪一块儿去转转。到哪儿转呢？艾雪说："这儿离公园挺近，可以去逛逛。"那两个人同意了。三人一起向公园方向走着，忽然，那个不认识的女士说："那儿有个可以定做衣服，也卖成品的店，我都是在那儿买衣服，不如我们先到那儿去看看。"常姓领导应声说好，两个人都要去那儿，艾雪也不好说什么，心想：反正就是闲逛，到哪儿去不一样？艾雪便和她们一起去服装店了。

　　服装店里有几件衣服确实很漂亮，卖衣服的说是仿制品，三百八十元一件。姓常的领导笑着说："这叫小香风，跟香奈儿的一样。"艾雪虽然不太懂行情，但是香奈儿的大名，艾雪是听说过的。艾雪言不由衷地说："真好。"常姓领导说："那就试试，看穿上好不好看。"艾雪一试，特别合适，显得气质更优雅了。这时，艾雪发现几个不合常理的地方：那个卖衣服的人好像对自己买不买这件衣服并不上心，似乎并不愿意让自己买这件衣服；那两个同来的人不买衣服，却一个劲地劝自己买这件衣服。最后，艾雪说："我决定了。"姓常的领导觉得艾雪这么喜欢，又说决定了，一定是要买了，兴奋地看着艾雪。艾雪接着说："我不买，我有衣服。"姓常的领导很失望，然后说："还有两天的时间，我们可以再来。"不知是说给艾雪听的，还是说给自己听的。敏感的艾雪寻思：那个卖衣服的人说卖的是仿制品，可是那衣服做得实在太精致了，是不是仿制的自己也不知道。如果是仿制的，这么漂亮，这个价格也合适。可是如果不是仿制的呢？艾雪上网查了查，发现二手的香奈儿上衣还一万好几，有的甚至两万。艾雪吸了一口凉气，又联想到其中的反常之处：姓常的领导为什么那么想让自己买？难道其中有什么猫腻？在不知道水多深的情况下，就是再喜欢，艾雪也不能买。

中午不学习时，艾雪就弹大厅里摆放的钢琴。姓常的领导和那个女士下楼时，看见艾雪在弹琴，她俩大声说话，想让艾雪跟她俩打一个招呼，再把艾雪忽悠到服装店里去。可是有所防备的艾雪假装弹琴弹得太投入了，没看见她俩，也没听见她俩说话。她俩待在那儿说了好长时间的话，可是艾雪就是不抬头，一支一支地弹曲子，有时一支曲子反反复复地弹，眼前只有钢琴。最后她俩无奈地走了。上课期间，艾雪又碰到了姓常的领导，她脸色很不好看，见了艾雪勉强笑了笑。课堂上，老师讲，有的公务人员被人围猎，防不胜防。艾雪笑了，不管前面是不是个坑，她都躲过去了。

　　艾雪根据自己的工作感悟，对单位的工作提出了一些切实可行的建议和方案，形成书面报告交到了领导手中。艾雪原来所在的单位要践行艾雪的建议和方案了。领导说："原来以为是新闻稿呢，现在落到实处了。"因为这是一个新的尝试，艾雪原来所在的单位先采取了简单的做法。看到刚开始这种简单的做法，有人质疑说，会不会是走形式。艾雪却觉得不是走形式，而是由浅入深，拉长线，稳妥地一步步来。不知道实践的过程中会遇到什么事情，但艾雪想，有领导的支持，一定会成功的。

第七十章

爱，夜与明

有人托艾雪给介绍对象。艾雪介绍的女方，是曾心疼地劝流产不久的她别落下病的女领导的女儿，在机关单位工作，女方对男方非常满意。男方得意地对艾雪说，如果结婚，女方愿意为他辞掉工作。艾雪心里咯噔一下子，想：女人啊，你为男人辞掉工作，一心在家相夫教子后，你的男人懂得珍惜还好，就怕时间一长，你与社会脱节，你的男人在成长，而你还在原地踏步，放弃了自我提升。若你的男人嫌弃你，怎么办？好的婚姻应该彼此成就，让双方做更好的自己啊。

于是艾雪劝男方："女方有这样的好工作不容易，轻易放弃不可惜吗？你不为她的前途考虑一下吗？"男方说："她辞职，以我的经济实力，养得起。"后来，艾雪将此事告诉了女方妈妈，她妈妈和艾雪持相同观点。

生活中有许多这样的例子，女方为了一句"我养你"，一激动或者一感动做了全职太太，结果时间一长遭遇背叛，甚至离婚，更要命的是长时间待在家里，会与社会脱节。

你去想一想，你去看一看，如果女人为了婚姻放弃自己的生活，那么男人总有一天会放弃你。聪明的女人都会选择努力让自己自立，自立的日子不可能一帆风顺。生活总会磕磕绊绊，但阳光总会照进来。只有自立才能自信，这种自信，不是盲目自信，而是在生活中积淀出来的。有自己的工作，哪怕挣不了很多钱，只要能养活自己，你就有了自立的资本。诚如有人说的，夫妻两人共同努力却又各自独立，相互扶持同时相互尊重，这才是婚姻长久的真谛。

这是艾雪在一个论坛上写的一小段话，题目是《女子当自立》。

春节前，艾雪和任善海又见面了，任善海认真地说："艾雪是个好同志。"是啊，是任善海成就了更好的艾雪。而艾雪对任善海的崇拜，给一路砥砺前行的任善海加满了油，使他能纵横千里。爱，让两个人互相依恋着去面对生活中发生的一切，彼此成就，相依相伴。

深情地望着自己的爱人时，艾雪想：不要说这嘈杂的世界上没有一块净土，忠贞便是那挽住了春光的云路，无论在何时，它都如一轮明月，照亮生命之花。

短暂的见面后，又是分离，两人各自忙碌着。

大年初二，艾雪在单位值班。晚上十点多，艾雪接到通知，因新型冠状病毒肺炎疫情严重，上级领导要求艾雪初三以后天天到岗待命。诸葛明早早地就来单位了，初五冒着被传染的风险，和郑实到虹桥环卫工人公寓、高速公路收费站检查点、数字化城市服务中心检查疫情防控工作。艾雪感慨地写道：

时光背面的春天

一种新型病毒
不甘孤独与寂寞

在 2020 年来临之际
行走于道路中央

生与死的较量
就在一瞬间
不要！
不要将生命之门关闭

新春的假期
拜别亲人
无惧无畏无求的人儿啊
心里只有一个牵挂
群众的安危

在悬崖上
迷雾重重
只是这一行人
牵挂着别人
自己浸在寒冬
却给别人送去春天

透过云团的缝隙
我看到华美的精神诗篇

巍巍中华
有这许多不倒的精神

定可以让这汹涌的病毒萎靡

重新把 一条春水领回

就像曾经的历史

将来的回忆

到了初七，郑实带着艾雪去三个办事处检查疫情防控工作。当天晚上在研究生微信群里，艾雪看到有人发的一个段子：

等疫情一过，要么养出一群胖子，要么饿出一群瘦子，要么憋出一群疯子，要么就造出一群孩子。多年以后，孩子问："爸爸，为什么我们班里同学都是同年同月出生的？"爸爸看向远方，深沉地说："那得从2020年说起……"

艾雪对此感到非常痛心，但这件事更加坚定了艾雪做实事的决心。她把这几天检查时的所见所闻及由此引发的感想和对本单位防控工作的建议整理成文字报告，发给了上级领导。

领导当即表示好好看一下再回复。

第二天，领导回复道："建议很好，很及时，视野宽，信息量大，值得赞赏！"

工作有条不紊地推进着，艾雪和任善海的感情也一如既往。

两片风中的云朵，聚聚离离，相连在一起的时间是那么难得。就像任善海和艾雪，相见的时间那么短暂，但忠贞的爱，却使他们的心紧紧相依。这种爱，距离是挡不住的，因为它已升华成一种信仰，等待黄昏时两个人细细品味。那日日相守的岁月，触动心中最柔软的部分。当最后一片叶子落下时，艾雪会与任善海相依相随，一同看着如画的风景，默默地飘向远方……